U0221969

Philosopher's Stone Series

哲人石丛书

立足当代科学前沿
彰显当代科技名家
绍介当代科学思潮
激扬科技创新精神

策 划

潘 涛 卞毓麟

Philosopher's Stone Series

当代科普名著系列

上海出版资金项目
Shanghai Publishing Funds

放射性秘史

从新发现到新科学

玛乔丽·C·马利　著

乔从丰　汤亮　陈曰德　郭璐　梁翼　译

乔从丰　蒋军　审校

上海科技教育出版社

图书在版编目(CIP)数据

放射性秘史:从新发现到新科学/(美)马利(Malley, M. C.)著;乔从丰等译. —上海:上海科技教育出版社,2016.12
(哲人石丛书. 当代科普名著系列)
书名原文:Radioactivity: A History of a Mysterious Science
ISBN 978-7-5428-6530-4

Ⅰ. ①放… Ⅱ. ①玛… ②乔… Ⅲ. ①放射性-普及读物
Ⅳ. ①TL7-49

中国版本图书馆CIP数据核字(2017)第045344号

在这部权威著作中,玛乔丽·C·马利将科学、文化背景和科学史的重要线索结合起来,描述了这门在很大程度上塑造了现代生活的神秘科学。她的记述超越了故事中已有的元素,将其转化成了我们这个时代引人入胜的寓言。

——塞德尔(Bob Seidel),

《洛斯阿拉莫斯与原子弹的制造》

(*Los Alamos and the Making of the Atomic Bomb*)作者

玛乔丽·C·马利就放射性这门神秘科学所写的通史,史料充足,文笔清晰,填补了相关领域的空白。这本书既避免了技术细节,又成功地将历史中的科学、人物、文化、政治等方面结合起来,对于科学史家、各级科学教师、其他领域的科学家以及普罗大众都充满了吸引力。

——奥格尔维(Marilyn Bailey Ogilvie),

科学史家,俄克拉何马大学荣誉退休教授

从1896年一项毫不起眼的发现开始,放射性把研究者带上了一条迷雾重重的求知之路,来到已知和未知的交叉地带。是什么导致某些原子放出不可见的、具有穿透性的射线？放射性释放出的巨大能量来自哪里？实验结果迫使研究者得出一个惊人的结论——放射性物质会转变为其他物质。化学元素不是永恒不变的!

以这个新发现为起点,许多国家的科学家共同努力,创建了一门新科学,空前数量的女性也进入到这个领域。放射性深刻地改变了科学和社会,它让渴盼奇迹的普通民众兴奋不已,也将许多科学家送上了诺贝尔奖的领奖台。但直到20世纪20年代末,那些天才的研究者也未能解开这一新现象背后的奥秘,而将这些未解之谜留给了新一代的科学家。他们将另辟蹊径,书写出另一段新的科学传奇。

本书展示了一段魅力非凡的历史,生动地再现了科学家在研究放射性时遇到的纠结、转机、惊喜和失败,并引导读者思考更宽广的议题——科学的本质。

内容提要

玛乔丽·C·马利(Marjorie C. Malley)，在麻省理工学院获得物理学学士学位，在哈佛大学获得科学教育硕士学位，在加利福尼亚大学伯克利分校获得历史学博士学位。有着多年的科学、数学教育经历，包括教学、课程开发、教学顾问等。发表过大量文章，主题涉及放射性、荧光、科学的历史和本质、人物传记等。

佛说：一花一世界。此诚不谬。1896年初，法国物理学家安托万－亨利·贝克勒耳（Antoine-Henri Becquerel，1852—1908）在研究铀盐的实验中，第一次发现了原子核的天然放射性，标志着人类打开了窥视微观世界的一扇窗。借此人们认识到，看不见、摸不着，之前只是一个哲学抽象的原子，居然蕴藏着一个神秘而复杂的"小世界"。放射性从此闪亮登场，迅即成为物理学家、化学家竞逐的研究课题，和 X 射线及其他科学发现一道宣告了19世纪物理终结论的破产。滥觞于放射性的发现，很快有关微观世界的新学科——原子核物理和粒子物理相继出现，原子、原子核也在人类面前渐渐地褪下了她神秘的面纱。

某些元素的不稳定原子核会自发地放出 α、β 或 γ 射线，衰变成其他元素，我们说这些元素具有放射性。人类目前已知的一百多种化学元素有两千多种核素，稳定的只占差不多十分之一，换句话说，具有放射性的占绝大多数。这其中既有造物的恩赐——天然放射性核素，也有人类的创造——人工放射性核素。随着研究的深入，人们逐渐意识到，放射性不仅对原子世界非常重要，在宇宙的形成和演化过程中也扮演着重要的角色，甚至对我们赖以生存的地球也是如此。放射性除了在自然界有举足轻重的作用外，还极大地影响到了人类生活的各个方面，如能源、军事、医疗、工业等等，不胜枚举。

辩证法强调分析事物要一分为二，对待放射性这种有巨大影响的事物更需如此。放射性是一种有趣、有益又有害的自然现象。核裂变在解决人类面临的能源短缺问题方面发挥了积极的作用，同时也带来了毁灭性和放射性污染的风险。特别是第二次世界大战中投向广岛和长崎的原子弹，以及切尔诺贝利、三里岛、福岛等多处核电站泄漏事故,在人类的记忆里投下了巨大的阴影。如何控制好放射性这把科学的双刃剑,使其造福人类,既是当前政治家、科学家的责任,也是现在还是青少年,未来将担负起引领社会进步之责的下一代的使命。要了解放射性现象以及现象背后的机理,获知科学家在认识放射性过程中所经历的坎坷和有趣的轶事,以及由放射性引发的社会问题等与放射性有关的方方面面,这本书就是一个非常合适的科普和科学史读物。

本书作者玛乔丽·C·马利女士1976年于加州大学伯克利分校获得科学技术史方面的博士学位,是一名出色的数学和科学史研究专家,曾担任过美国国家历史课程标准委员会委员、科学史学会教育委员会主席等职务,出版了多部科普和科学史方面的著作。特别是《放射性秘史》,作为第一部反映放射性历史的通俗读物,受到众多科学爱好者的好评。本书作者虽然不是专业的科研人员,但她在写作此书时,显然在放射性科学方面下了不少功夫,使得本书读起来既不失科学的严谨性,又简洁明了、通俗易懂,高中及以上文化程度的科学爱好者阅读都不会有障碍。

科普工作虽然没有明显的短期效益,但不论是对科学本身,还是对社会进步都是一件非常有意义的事情,也是科学工作者应尽的义务和责任。参与翻译和审校本书的人员均有从事理论物理研究和教学的经历,对书中科学内容的把握应该不会有太大问题。翻译的过程也是深读和学习的过程,大家为翻译本书付出了不少业余时间,前后用了近一年的时间,但就像吃川菜,有辛苦却也很愉快。相信编辑也被我们的拖沓"折磨"得够呛,不再多解释,在此表示一下歉意吧。

合作的事情无法锱铢必较,译者顺序我们采取理论物理中经常用的办法,按姓氏笔画排序,既体现团队精神,又表明责任均担。最后需要说明的是,受水平和时间的限制,疏漏、误译以及打印错误恐难避免,真诚地期望读者发现后不吝赐教,以便找机会及时更正,避免谬传。

乔从丰

2016年9月28日于中国科学院大学

献给所有好奇者和求知者

序 / 1
引言 / 5

目录

一位朋友曾问我,要想一览放射性历史的概况,我会推荐她读哪本书。尽管我能想到许多侧重于这个领域不同方面的书和文章,但我知道,对于我的朋友和其他感兴趣的外行来说,符合条件的书一本也没有。他们没有足够的知识背景、时间或执着来把现有资料串成一个完整的历史。

我写作本书就是为了满足这一需要。它是一部放射性科学的简史,基于我多年来对已公开发表的文章和手稿的研究,并辅以大量的二手材料。本书给出了一个宽泛而准确的历史,同时避免过度的技术细节。它既适合相关学科,如物理学、化学和历史学的专业人士阅读;也适合那些非专业人员,假如他们想进一步了解现代科学中这非常值得称道的一幕;以及那些对20世纪之交的世界状况有兴趣的读者。经过多年的教学和不断开设课程,我非常喜欢让学生和老师们都能理解科学史。

放射性在重大的科学转折关头进入了历史,同时它也推动了这些变化。这个学科简短的发展轨迹,仅历时30年,与它所产生的价值和深远的影响形成了鲜明的对照。放射性的历史提供了一扇时代科学和其文化背景之窗,展示了科学的进步和人类对未知的不断追求。

放射性具有双重魅力,这既是一段迷人的历史,又对人类社会产生了巨大的影响。原子弹、核能、科学和政府及军事之间关系的变化就是其显著的成果。尽管这些影响本身非常重要,但过分关注于此可能会有用今天的眼光看过去而扭曲放射性历史的风险。曾经从事放射性问题研究的科学家的工作环境与几十年后大不相同。对他们来说,放射性是一个谜,是一个有许多可能性值得研究的发现,而不是他们能未卜先知的后来发展成果的前奏。这本书按时序呈现放射性的历史,讲述了一个在特殊历史环境下,独特、激动人心和富有教益的故事。

放射性从刚开始一个不太起眼的小现象,迅速发展成一个大的研究领域。这门从诞生之日起便极具神秘色彩的新科学一直是一个难以捉摸的谜,直到它被纳入物理学的新兴研究领域。我(在本书中)关注了放射性的这一关键特征,描绘了那完全出乎预料的神秘现象带来的诱惑、挑战和刺激,以及科学家为理解它所付出的努力。

本书的第一部分试图通过引导读者领略科学家们在研究放射性时遇到的纠结、转机、惊喜和失败,来理解先驱们的困惑和不解。通过阅读故事,读者能够更好地理解发展、检验和重构科学解释的过程。

放射性的历史包括应用、方法和设备,以及支撑这门新科学研究的组织结构。这些在本书的第二部分给出了评述。

新科学的历史展现了一些模式和主题,它们推动了科学和所有人类冒险活动的发展。本书的最后一部分确定和分析了某些促进放射性研究发展的要素,这些要素同时也阐明了人类为理解这个世界而进行的不断探索。

我要感谢那些许多年前支持我开始放射性研究的单位和个人,包括加利福尼亚大学伯克利分校和海尔布伦(John Heilbron),是他建议我研究放射性并从一开始就给予我指导。我已故的父母,雷蒙德·马利(Raymond Malley)和艾丽斯·马利(Alice Malley),激发了我对教育的兴趣。吉利(Jan Gillie)的一席话使我开始了本书的写作,我的亡兄约翰·马利(John Malley)让我坚持了下来。塔拉·霍内尔(Tara Hornell)在多个章节上给予了很好的建议。北卡罗来纳州立大学物理系的哈泽(David Haase)对附录3提出了改进意见。

我特别感谢克里斯廷·霍内尔(Kristin Hornell),她仔细阅读和评价了全文,给了大量宝贵的建议。书中如果还有什么错的话,那就全是我的责任了。

我要感谢编辑科恩(Phyllis Cohen)在撰写和编辑过程中给予的有益指导和即时回应。也很感激牛津大学出版社斯特宾斯(Hallie Stebbins)、博塞特(Jennifer Bossert)、科温(Jennifer Kowing)、吉尔马丁(Woody Gilmartin)等人的帮助。

我还要谢谢匿名评审人对我写书计划的评注。

我想对那些提供插图和使用许可,以及所有给予技术支持的单位和个人致谢,如美国物理联合会(AIP)的普劳蒂(Scott Prouty)和塞格雷(Emilio Segrè)可视化档案馆*;德国不伦瑞克市布克勒股份有限公司的托马斯·W·布克勒(Thomas W. Buchler)总裁和格罗夫(Waltraud Grove);剑桥大学图书馆的珀金斯(Adam Perkins)、曼宁(Don Manning)、朗(Ruth Long)和理事们;克莱尔莫尔进展报业的达布尼(Bailey Dabney)和考林(Randy Cowling);勒施内尔(Matthias Röschner)和德意志博物馆;德国沃尔芬比特尔市的弗里克(Rudolf Fricke);居里研究所的于谢特(Nathalie Huchette)、皮雅尔(Natalie Pigéard)和居里博物馆;霍格里安(Paul Hogrian)和美国国会图书馆;俄克拉何马历史学会的埃弗里特(Dianna Everett);俄克拉何马大学图书馆的帕尔梅里(JoAnn Palmeri)、马格鲁德(Kerry Magruder)和科学史收藏专区;福勒(C. M. R. Fowler)教授和欧内斯特·卢瑟福(Ernest Rutherford)家族;戴维·N·霍尔(David N. Hall)和弗雷德里克·索迪信托基金会(Frederick Soddy Trust);圣路易斯华盛顿大学化学系的弗雷(Regina Frey);格拉夫(Peter Graf)和维也纳物理中央图书馆;丹尼斯·格罗斯曼(Dennis Grossman)和唐娜·格罗斯曼(Donna Grossman)、詹姆斯·霍内尔(James Hornell)、厄尔·W·霍尔(Earl W. Hall),等等。再次感谢所有人。

我非常感激我丈夫詹姆斯·霍内尔给我的恒久支持、鼓励和建议,帮我解决摄影和计算机问题,以及在完成本书的漫长过程中给予的其他各种帮助。

除非特别说明,书中的翻译是由作者完成的。**

---

* 塞格雷可视化档案馆隶属美国物理联合会;塞格雷为著名美籍意大利裔核物理学家,1959年诺贝尔物理学奖获得者。——译者

** 指将其他语言文字翻译为英文。——译者

放射性问题突如其来,毫无先兆。既没有前身孕育着这门科学,19世纪的物理学也未对之作出任何预言。虽然一开始几乎无人关注,然而没有几年放射性就成了科研人员首要的研究课题;对公众来说,放射性也从一个新奇的小玩意儿变成了奇迹的潜在源泉。

1896年发现的不可见的铀射线彻底改变了物理学和化学,也改变了后代人的生活。地质学、考古学、生物学、医学、气象学、哲学、电力行业和战争等方面也因为新发现产生了变化。放射性揭示了物质的微观结构,同时也成为开展相应研究的工具。它革新了能量的观念,并最终宣告了核物理和世界新纪元的到来。

放射性表明原子内是概率的世界,这对宇宙中因果性的适用范围产生了影响。它改变了有关地球年龄的理论,提供了测量史前文物年代的新方法;激发了从新型科学仪器、技术到烟雾报警器和荧光表盘的革新;在化学方面,放射性揭开了令人困惑的元素周期表的秘密,改变了对元素的认识,同时也扩展了周期表。

放射性提供了治疗癌症和了解生理过程的全新方法,刺激新型企业在医疗、工业和商业活动中寻找和使用放射性物质。在寻找放射性物质的过程中人们发现这种物质分布广泛,并由此导致宇宙线的发现。

这门新科学对政治和社会的影响极其深远。许多国家建立了研究所和专门的实验室开展放射性研究,促进了科学资源的集中,提升了科学协作的水平,加强了政府对科学研究的影响,并促使更多女性投身于物理学研究。放射性给那些从事这项工作的人带来了意想不到的健康危害,不论是科学家、矿工、治疗师,还是工厂里的工人都是如此。这些问题催生出一些新的组织和监管机构,并引发了公众对科学的不信任和失望,这在20世纪随后的年月中进一步加深了。

20世纪20年代后期,放射性被纳入到了核物理范畴。1896年放射性的发现也是粒子物理学和核化学产生的根源。资源的集中、政府的介入,再加上政治事件与核物理的纠葛催生了核武器和核反应堆,这些永久地改变了世界。

放射性是19、20世纪之交一系列让科学家感到惊奇的发现之一,它紧随1895年X射线的发现而出现。前一年发现了一种气体,化学家们很难将它与其他元素相结合,于是将其命名为氩(argon),即"懒惰"的意思。它属于化学元素中全新的一族——惰性气体。1897年荷兰物理学家发现了一种被称为塞曼效应(Zeeman effect)的现象。这种现象与磁场对原子光谱的作用有关,很深奥,但理论上非常重要,它能给出一些原子结构的线索。同年,第一个亚原子粒子——电子——正式出现在物理学中。能量量子化在1900年提出,狭义相对论是1905年,广义相对论在1916年。这些创新带来了之后几十年物理学的革命。新物理的应用改变了社会,同时社会环境也反过来影响了科学事业。

放射性的故事交织于现代物理学的历史进程之中。本书正是在此背景下讲述放射性的传奇故事,从它首次被认识到后续一系列令人惊奇的发现,以及科学家在破解这些神秘现象时所遇到的问题和困惑;勾绘了相关工业、研究机构和新型医疗的兴起;呈现了一些该领域杰出贡献者的背景,分析了影响放射性领域发展的要因。最后,这本书反思了放射性问题与人类古往今来的疑惑、追求、动机和神话主题之间的联系。

第一部分

新　科　学

天地之大，比你所能梦想到的多出更多。

——莎士比亚（Shakespeare），

《哈姆雷特》（*Hamlet*）第一幕第五场

　　19、20 世纪之交对物理学家而言充满了惊喜。在意想不到的发展过程中，一门新的科学诞生发展起来。到 1919 年这个领域发展成熟，物理学像实验室之外的世界一样正在经历着巨大的变化。

第一章

开篇

伦琴射线,伦琴射线,这股热潮究竟是什么?

————《摄影》(*Photography*),1896 年

背　景

　　1895 年的欧洲,由于军事法庭的判决被反犹主义浪潮玷污,法国卷入了臭名昭著的德雷富斯(Dreyfus)冤案。英国、法国和意大利都在宣称部分非洲领土归自己所有,而与此同时,穿越大西洋的先驱者们正络绎不绝地进入美国的印第安人保留地。古老的罗马帝国只有一部分以奥匈帝国的形式存在着,帝国内部的多个民族之间充满了种族仇恨和社会经济矛盾。

　　当时的时代文化里有着一种浪漫的色彩。社会潮流崇尚飘逸的长裙、蕾丝礼服和精致的帽子。新艺术主义风靡一时,如仿树台灯和其他具有自然装饰风格的物品。俄国作曲家柴可夫斯基(Tchaikovsky)的芭蕾舞剧《天鹅湖》(*Swan Lake*)在圣彼得堡首次上演。上流社会的女士和戴着大礼帽的庄重博学的男士经常不厌其详地讨论着戏剧作品和

称为降神会的超自然戏剧。灾难预言者、占卜者和各种边缘人物正热情高涨地预测着时代的变化。

如果一个人留意，在关注世纪之交的预言家和想法古怪的人之间流传的充满狂热期望的奇思怪想当中，他会听到这样一些微弱的声音：物质转化成能量，原子变成了在以太中的振动，现实的盛衰总在变化却仍保持相同。这是古希腊哲学家赫拉克利特（Heraclitus）的河水发出的声音：世间万物就像一条河，永远都在变化，却又永远保持相同。赫拉克利特有一句名言："人不能两次踏入同一条河流。"除了变化，没有什么是永恒不变的。19世纪末，赫拉克利特的哲学思想在一种现代通俗的幌子下重现，他的河水比喻被用到了电磁理论中，夹杂着零碎的科学知识传递给富有想象力的满怀期待的民众。

在生物学领域，查尔斯·达尔文（Charles Darwin）的进化论不仅为生物体，而且为生命形式本身提供了完整的演化方案。各种演化模型——有些比达尔文进化论提出得更早——被应用于地球、太阳系、元素周期表，以及文化、社会、政治的研究。随后，宣称有的元素能够变成其他元素的嬗变理论，暗示着放射性也可以被纳入到这个主题之中。

在物理学领域，电及其在高压真空管中产生的美丽而神秘的效应是研究的热门课题。19世纪，技术进步使得在高度真空状态下研究电流和物质成为可能。三位德国仪器发明者，盖斯勒（Johann H. W. Geissler）、吕姆科夫（Heinrich Rühmkorff）和施普伦格尔（Hermann J. P. Sprengel）彻底变革了稀薄气体中电的研究。

1855年，盖斯勒发明了一种使用水银而非活塞来抽出容器中空气的空气泵。他还设计了装着两个金属片（电极）的薄玻璃管，电极镶嵌在玻璃中并和发电机连接。两个电极能够接收电性相反的电荷，科学家们按照惯例将其标记为"正"和"负"。取决于发电机施加的电压和玻璃管中残留的空气数量，玻璃管中有时会出现腾空跳跃的光和漆黑一片的神奇图像。这些被称为"真空放电"的图像揭示了电流在带有相反电荷电极间的转移或放电。

　　吕姆科夫改进了产生真空放电现象所需的高电压设备(感应线圈)(图1.1),1865年,施普伦格尔改进了盖斯勒的空气泵。施普伦格尔的空气泵能够除去玻璃管中几乎所有空气,因此被称为"真空管"。这种高效的空气泵促进了对真空放电的研究。这些显著直观的现象吸引了物理学家,他们通过将这些现象进行分类来理解其复杂性,并尝试发现每种现象的产生条件(图1.2)。一些科学家甚至设想用瞬时能量,比如耀眼的放电,来代替物质的概念。他们认为,能量形式会在一种称为"万能以太"的幽灵般的不可见流体中消失和重现。

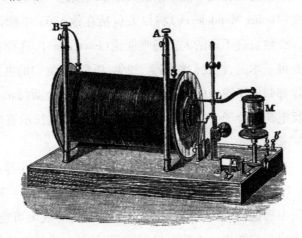

图1.1　吕姆科夫感应线圈。这是一种产生高电压的变压器设备。摘自汤普森(Silvanus P. Thompson)著《电磁基本课程》(*Elementary Lessons in Electricity & Magnetism*, New York: Macmillan, 1901),第219页。

　　关于充斥在宇宙之中的不可见流体的思想并不是新出现的,后来英国物理学家麦克斯韦(James Clerk Maxwell)使之成为一个著名的数理物理理论的核心。麦克斯韦理论把不可见的电力和磁力统一成**电磁学**这一综合理论,并将电磁学理论与光联系了起来。

　　麦克斯韦认为光是在以太——一种电磁学意义上的无重量流体——中的波动。他还预言了另一种在以太介质中的波动,后来被称

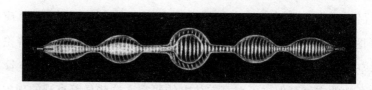

图1.2 盖斯勒管。摘自罗斯科(Henry E. Roscoe)著《光谱分析》(*Spectrum Analysis*, London：Macmillan, 1869)，第106页。

为无线电波。光、无线电波和其他相关波动被称为**电磁辐射**。

一些科学家猜测物质可能是由以太粒子组成的。著名的俄国化学家门捷列夫(Dmitri Mendeleyev)将以太包括在他1903年修订的元素周期表里。少数直言不讳的人宣扬唯能论(energetics)，这种科学哲学认为能量是最基本的，将我们的感觉、视觉、听觉、嗅觉中的世界和无数的具体物体都归属于虚幻的能量形式。英国数学家金斯(James Jeans)设想带相反电荷的粒子会在能量爆发中彼此湮灭，这预示着后来提出的"反物质"概念。

人们一直将看得到和摸得到的物体视为最基本的真实存在。能量只是物质(无论是不可见粒子、生物体还是机器)运动的一种表现形式。麦克斯韦理论使得物质和能量等价关系的计算成为可能，暗示着它们之间可以互相转化。由此出发，只要简单的一步就能使传统观点被彻底颠覆，即把物质视为能量的一种形式。有形的物体可能只是以太海洋中的扰动而已。多数科学家并不认同这种极端观点，但是拥护者们明确支持这种观点，而且它也被一部分公众所接受。

电磁学中不可见力场、神秘的放电现象、不可见以太，还有不可见光和其他辐射的发现，强化了人们对存在一个由灵媒联系的不可见幽灵世界的猜测。当时，这些并不是非主流想法。在美国和欧洲，包括著名科学家在内的很多受过教育的人尝试在法会(法语叫降神会)上联络已故的亲人，这种法会由灵媒在暗室中举行。19世纪末，唯灵论的普及导致了对这种思想的认真研究，许多科学家和官方委员会齐心协力，揭露灵媒的骗子本质。

射线和辐射

新射线的发现促进了唯灵论和物质与能量互相转化的猜想的研究。研究人员发现超越可见光谱边缘的类光效应后，人们意识到使用术语"射线"表示一束光是不严谨的，于是在 19 世纪射线的含义被扩展成包括不可见的光。可见光谱中超越紫色光边缘的光被称为紫外线（ultraviolet 的前缀 ultra 意指超越），位于红色光边缘下侧的光被称为红外线（infrared 的前缀 infra 意指在下面）。从那时起，术语**射线**和**辐射**可互换使用。

随后，人们将各种知之甚少的电学、化学和摄影现象都归因于不可见射线。除了红外线和紫外线，世纪之交的研究者还会遭遇磷光、萤火虫发出的荧光、勒邦（Gustave Le Bon）的黑光、对阴极射线（diacathodic，后来证实即极隧射线）和旁阴极射线（paracathodic）、勒纳（Philipp Lenard）的射线、维德曼（Eilhard Wiedemann）的放电射线和戈尔德施泰因（Eugen Goldstein）的极隧射线等。

这些现象中研究得最多的是阴极射线，它们因从真空管带负电的电极（阴极）发射出来而得名。尽管肉眼看不见，阴极射线却能使荧光物质发光。为了研究阴极射线，研究者在真空管的一端涂敷了荧光材料（图 1.3）。磁铁改变了阴极射线的运动轨迹，使它们好像一束带负电的粒子一样被偏离。然而，与任何已知物质不同的是，这些射线能够穿透金属箔。英国化学家威廉·克鲁克斯爵士（Sir William Crookes）认为，阴极射线可能是一种新发现的稀薄的物质形态，既不是固体、液体，也不是气体，而是物质存在的第四种状态。

作为一位独立研究者和行业顾问，克鲁克斯在自己家中设有实验室，并创办了《化学新闻》（*The Chemical News*）杂志。他做了很多重要研究，包括对阴极射线的大量研究。很多科学家，特别是在英国，赞成克鲁克斯的观点，认为阴极射线一定是某种类型的粒子流。其他科学

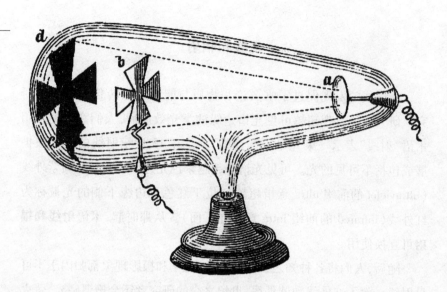

图1.3 阴极射线管。电子从阴极(a)向阳极(b)运动。阴极射线撞击阳极后面的玻璃管壁引起荧光涂层发光。真空管中的阳极靶被设计成十字形以留下一个阴影,从而演示射线沿直线传播。摘自冯·隆梅尔(Eugen von Lommel)著《实验物理教程》(*Lehrbuch der Experimentalphysik*, Leipzig: J. A. Barth, 1895),第343页。

家,特别是在德国,认为阴极射线是一种不可见光。他们认为只有像光一样的波动才能穿透金属箔。

在这种超现实氛围中,1895年底的一则报道让已经对射线着迷的世界异常兴奋。伦琴(Wilhelm Röntgen),巴伐利亚州维尔茨堡大学物理学教授,发现了一种能够穿透固体和不透明物体的新的不可见射线。

伦琴发现的这种射线来自发射阴极射线的真空管。他把这种射线称为"X"射线,因为人们对它一无所知。

伦琴一直在研究阴极射线能够穿透铝箔的报道。他使用各种真空管产生阴极射线,包括他的同胞勒纳设计的真空管。勒纳管的一端设有一个金属铝做的"窗口",允许阴极射线从管子中射出来。他首先关闭了实验室中的所有光源,以确保仪器不受外来光的影响,待实验室完全变黑之后,才开启仪器进行实验观测。

令伦琴惊讶的是,无论他何时开启真空管,与真空管相距一段距离的涂敷了荧光材料的屏幕都会发出荧光。伦琴没有预料到会发生这种现象,因为他用黑色厚纸板覆盖了真空管以防止射线泄漏出来,而且无论如何阴极射线都不会在空气中传播那么远。

伦琴决定探究荧光屏发光的原因。一段时间的高强度工作之后,他坚持不懈的努力带来了极其重要的结果。他发现了一种全新的射线,它的穿透力比任何人想象的都更强。这种射线可以使空气导电。不同于阴极射线的是,它们不能被磁铁偏转。为了证明他的发现,伦琴发表了第一张显示出手骨结构的人手照片,手的主人是他夫人。其他科学家开始效仿他的做法。新闻记者发布了X射线照片后,公众变得狂热起来,沉静而矜持的伦琴教授立刻变得非常著名。

后来,物理学家们与X射线的发现失之交臂的报道流传开来。当一些物理学家发现阴极射线管附近的感光板变得不清晰时,他们只是把感光板换掉。克鲁克斯甚至将受损的感光板返还给制造商。伦琴的同事勒纳用自己设计的阴极射线管做了许多实验,但是他没有意识到阴极射线产生了一种全新的辐射,而他的一些实验结果正是由这种辐射引起的。

新射线的发现对医学诊断有深远影响。利用这种射线看到身体内部结构是令人惊叹的进步。医生很快开始用X射线诊断病人的骨折部位和确定体内异物。随后,他们预言利用X射线能够看到身体内部器官和发现肿瘤。也许活体解剖将被淘汰。

X射线的发现招致了很多不可靠的说法和计划。一位农民声称用X射线将普通金属变成了黄金。一位法国人宣称已用X射线给灵魂拍照。唯灵论者希望新射线能壮大他们的降神会。部分公众担心丧失隐私——射线能穿透衣服看到裸露的身体吗?

伦琴对公众的反应很吃惊,他不愿牺牲自己宝贵的时间,避开公众继续潜心研究这种新射线。1901年,伦琴由于发现了X射线,被授予首次颁发的诺贝尔物理学奖。诺贝尔奖由瑞典实业家、硝化甘油炸药发明人诺贝尔(Alfred B. Nobel)创立,授予对物理学、化学、生理学或医学、文学及世界和平作出重大贡献的人。

X射线的发现推动了另一项研究。这些新射线与阴极射线轰击涂有荧光材料的屏幕产生的光有关吗?其他荧光材料也许会发出X射线,这种想法一定在很多科学家的脑海中出现过。一位法国物理学家在1896年1月听取了数学哲学家庞加莱(Henri Poincaré)关于伦琴射线(X射线通常被称为伦琴射线)的报告后,决定检验X射线与荧光现象相关的假说。

贝克勒耳的发现

安托万-亨利·贝克勒耳(Antoine-Henri Becquerel)的祖父和父亲都是法国著名的物理学家,他是在恰当的时间和地点出现的对放射性

图1.4 安托万-亨利·贝克勒耳。来自 Generalstabens Litograficka Anstalt(瑞典),承蒙国会图书馆提供图片。

进行研究的合适人选(图1.4)。作为巴黎自然历史博物馆的馆长,他管理着他父亲收集的大量发光矿石。这些矿石吸收光之后,能够发出不同于原始光源波长(颜色)的光。当入射光被移开,如果矿石不再发光,则该现象被称为"荧光";如果矿石继续发光,则该现象被称为"磷光"。埃德蒙·贝克勒耳(Edmond Becquerel)一生致力于光学发光的研究,他的儿子亨利也在这方面作出了杰出的贡献。亨利·贝克勒耳不仅有尊贵的血统,而

且还保持了他祖父安托万-塞萨尔·贝克勒耳(Antoine-César Becque-rel)及父亲所创立的名声和地位。

贝克勒耳返回博物馆后,开始检验他父亲收藏的样品。他对发光的铀矿石特别感兴趣。铀(uranium)是1789年发现的一种重金属元素,主要存在于中欧的矿山中,以新发现的行星天王星(Uranus)的名字命名。铀常被用来为陶瓷和玻璃上色,没有任何迹象表明它有特殊之处。

然而,贝克勒耳有理由致力于铀矿石的研究。他认为含有重元素的矿石是将可见光转变为X射线的最适合材料。他猜测铀光谱的某些特异性可以促进这种转变。而且,贝克勒耳的父亲注意到铀矿石能够产生特别明亮的磷光现象,他的同胞涅普斯·德·圣维克托(Abel Niepce de Saint Victor)发现某些铀盐能让照相底片持续感光。

在1896年,摄影通常使用涂有感光物质的玻璃底片。贝克勒耳将铀矿石放在包了黑纸的感光底片上,然后放在太阳底下晒,以便使矿石发荧光。黑纸能够阻挡可见光,但不能阻止X射线。

经过足够长的时间使X射线影像形成之后,贝克勒耳冲洗了底片。当他看到清楚的矿石影像时,并没有感到太奇怪,因为他早就看到过磷光过程发射不可见射线的报道。贝克勒耳准备继续进行实验研究,巴黎却连日阴天,因此他只好把所有器材都搁在同一个抽屉里。在等待天气转晴的日子里,贝克勒耳冲洗了底片,由于矿石只短暂地暴露在日光下,他猜想底片上只有模糊的图案。然而令他震惊的是,底片上出现了十分清晰的影像!

这种现象令人难以理解,因为如果磷光矿石和荧光矿石不暴露在太阳光下,它们通常并不会发光。贝克勒耳猜测可能是矿石在阴天也吸收了足够的外来光而形成了清楚的影像。当贝克勒耳再次实验时,他仔细地将矿石屏蔽起来,使其完全接触不到外来光,但是底片上仍然出现了黑影!显然,铀矿石能在罕见的长时间内发出磷光。

在英国,电气工程师汤普森(Silvanus P. Thompson)发现铀化合物暴露在光和电之下后很久仍然会发出不可见射线。汤普森把这种性质命名为"超磷光现象"。当他得知贝克勒耳发表了相似的结果后,便中断了自己的研究。贝克勒耳继续研究这一不寻常的发现,认为如果等待足够长的时间,这种现象将会消退。他把铀化合物放在黑暗的地方,继续冲洗感光底片,然后比较铀矿石在放置不同时间后留下的影像。

日复一日,月复一月,甚至一年之后,铀的放射性都几乎没有衰减。显然,这种不可见射线与外来光没有任何关系。这是铀元素自身发出的一种射线。贝克勒耳验证了含有铀元素的样品会使包了黑纸的感光底片出现黑影(有几个特例,后来被证实是实验误差引起的),而其他矿石却不能让底片感光。甚至不能发出磷光的铀矿石也在包了黑纸的底片上留下了影像。如果是磷光现象产生铀射线的话,它一定与贝克勒耳和他父亲研究过的磷光现象非常不同。

贝克勒耳依然坚持他的磷光假说。他在暗室中通过溶解和重结晶的办法,试图破坏铀元素的放射性,因为这一方法能够破坏其他物质的磷光性。但是,他做的任何事情都不能阻止铀发射不可见射线。当他发现铀金属比铀化合物产生的辐射更强时,尽管金属被认为不能发出荧光,贝克勒耳依然没有改变他的观点。相反地,他得出结论,铀是一个特例。他认为这种不可见射线一定来自铀元素本身。事后看来,这是一个非常重要的结论,但是贝克勒耳没有意识到它的重要性。

贝克勒耳比较了这种新射线与其他射线的差异,发现铀元素发出的射线能使空气导电,还能穿透纸板和金属铝、铜、铂。紫外线、阴极射线和 X 射线都能使空气导电。相比之下,只有 X 射线能够轻而易举地穿透不透明物质。[1] 这种性质暗示了铀发射出的射线是一种 X 射线。然而,贝克勒耳仍然认为是磷光现象引起了铀元素的这种奇特性质,这意味着铀射线是某种形式的光。

贝克勒耳凭借经验来检验铀射线的光学性质。光的特征属性是反射、折射和偏振。1896 年 3 月底,贝克勒耳宣称在铀射线中发现了光的三个特征属性(后来,这些研究被证实是错误的)。为了区分铀射线和伦琴射线,贝克勒耳进一步证实了这两种射线被吸收的方式不同。

1897 年,一个新的发现引起了贝克勒耳的注意。多年来他一直在寻找外磁场能够影响光的实验证据,这是数十年前由才华横溢的科学家法拉第(Michael Faraday)作出的预言。现在对这个预言的检验即将来临。莱顿大学的荷兰物理学家塞曼(Pieter Zeeman)报告称,强磁场能使一条谱线分裂成三条。在全神贯注地研究铀射线并确保了优先权之后,贝克勒耳渴望回到以前的研究工作中。他花了一年半时间研究后来被称为"塞曼效应"的原子光谱在外磁场中出现分裂的现象。

贝克勒耳对铀射线的兴趣日渐衰退,这与科学界中多数人的观点相符,他们认为这种研究没有重大科学意义,而仅是为了满足好奇心。因为贝克勒耳射线能够穿透物质,多数人认为(不同于贝克勒耳的观点)它是一种 X 射线。于是,伦琴射线吞并了贝克勒耳射线,并成为热门研究课题,很多科学家开始从事对伦琴射线的研究。

科研人员希望通过模仿伦琴的发现而获得知识和名声。他们匆忙发表的文章中,有些忽略了基本的实验预防措施与控制。由于实验中的某些试剂容易影响用来寻找不可见射线的仪器和材料,错误随处可见。比如,由于其群体心理学著作而为世人周知的法国医生作家勒邦写了大量虚假的不可见射线"黑光"的文章。他认为放射性是所有物质在蜕变过程中都会产生的。几年之后,布隆代尔(René Blondel)的"N 射线"[以法国地名南锡(Nancy)命名,据称是布隆代尔发现这种射线的地方]在法国引起了轰动,后来它们也被认为是不可信的。

勒邦的工作是同一时期错误思想的代表——人们认为世界好像充满了不停变化的神秘实体。也许唯灵论和神秘论中无形世界的魅力增强了人们(特别是在法国和英国)对未加证实的不可见射线的信任。相应地,新射线的发现也为各种伪科学的猜测提供了发酵的土壤。这就是下一个惊人转机来临之前的氛围。

第二章

居里夫妇

她看起来非常坚定,甚至可以说是**固执**。

——雅克·居里(Jacques Curie)对他弟弟
皮埃尔·居里(Pierre Curie)所摄玛丽亚·
斯克洛多夫斯卡(Maria Skłodowska)照片的评论

我们所选择的生活相当艰难。

——皮埃尔·居里

玛丽亚·斯克洛多夫斯卡

1894年的巴黎,一位年轻的波兰女学生正在寻找论文研究主题。她想获得物理学博士学位,这儿还从来没有女性获得过。但玛丽亚·斯克洛多夫斯卡从不屈服于传统观念而改变自己的目标。一旦作出决定,她就义无反顾。

玛丽亚1867年出生于波兰华沙的一个受过教育但经济拮据的家庭,她天生聪慧,具有非凡的专注力。她是家里五个孩子中最小的,是个酷爱阅读、拼命吸取知识的好学生。

在她敬爱的妈妈去世之后，玛丽亚的大姐也不幸早逝，这在她年轻的心灵上烙下了持久的印记，并使她容易抑郁症发作。斯克洛多夫斯卡夫人十分笃信宗教，玛丽亚听从了母亲的教导，宗教教育塑造了玛丽亚的人生观和价值观。但是她妈妈去世后，玛丽亚的宗教信仰也一同死去，因为仁慈的上帝怎么能允许这么残酷的事情发生呢？

玛丽亚在俄国统治下的波兰长大，她吸取了受压迫同胞的反抗精神和强烈的爱国主义精神。她在少女时代参加了地下大学，后来冒着被关进监狱的风险到波兰农村教孩子们用母语读书和写字。玛丽亚接受了一种被称为实证主义的通俗哲学，其信奉完美人性和重视教育。她还了解了社会主义，其以促进性别平等和推进社会进步为目的。她可不是一个任人小觑的年轻女性。

斯克洛多夫斯卡夫妇都是教师，期望他们的孩子会受到高等教育。玛丽亚在很多科目上都非常优秀，因此不确定选择哪个学科。她对社会学感兴趣，特别热爱文学。最后，她决定学习自然科学和数学。但问题是，怎么做呢？在波兰她不可能实现自己的梦想，因为大学不招收女性，她的家庭也没有钱支持她做任何事情。法国既具有自由主义传统，又是天主教国家间联系的纽带，吸引了很多年轻的波兰人。玛丽亚决定去巴黎继续自己的学业。她和希望学习医学的姐姐布罗尼亚（Bronya）决定轮流资助对方去巴黎上学。

作为姐姐，布罗尼亚先去巴黎开始学习，而玛丽亚花了几年时间做家庭教师和保姆挣钱。玛丽亚的积蓄似乎永远都不足以支持她的教育费用。最后，已经结婚的布罗尼亚说服了她的妹妹来到巴黎，并和她住在一起。

对玛丽亚来说，离开她的祖国，特别是离开她的父亲是一件困难的事情。对父亲许诺她会返回波兰做一名教师后，她踏上旅途，坐了很长时间的火车到了巴黎。1891 年秋天，她用自己名字的法语形式**玛丽**（Marie）注册进入了巴黎大学（即索邦大学）。

布罗尼亚和她的丈夫德乌斯基（Casimir Dłuski）的家务十分繁忙，使得玛丽很难专注于学习。而且，她姐姐家距离索邦大学并不近。几个月之后，玛丽搬到大学附近自己的住处。迫于贫穷，她过着贫乏的僧尼般生活，但这符合她内心的意愿。她的学习，加上波兰侨民社区的社交插曲，构成了她的生活。

正如经常发生的那样，很多人放弃了宗教信仰的外在表现形式，但是宗教思想的内在作用依然保留了下来，对人的性格有着不可磨灭的影响。虽然玛丽宣称自己是一个宽容的不可知论者，但她却表现出了献身宗教生活的态度。她的阁楼成了她修女般的牢房，她的学习成了她的奉献。她越来越多地穿着朴素和简单的服饰，喜欢自我否定的黑色——这正是牧师和修女制服的颜色。她后来评论道，"安心与沉思是实验室的真正氛围"，而当时的实验室被法国化学家巴斯德（Louis Pasteur）称为"未来的庙宇"。[1]

玛丽以探寻科学真理和科学诚信来代替存在性真理和道德尊严。她拒绝攻击宗教，公开赞赏那些有信仰的人。在她的整个一生中，她的内在思想是以宗教为核心的，只不过用对科学的追求替代了传统的宗教目标，以实验室替代了圣所。

这位如修女般生活的年轻女孩非常勤奋刻苦，取得了丰硕的成果。玛丽获得了两个硕士学位，在1893年的物理考试中获得全班最好成绩，在次年的数学考试中获得第二名。

重要的邂逅

玛丽开始为国家工业促进会研究不同种类钢的磁特性。她需要一个做实验的地方，于是她的同胞将她介绍给一位法国物理学家，他在市立物理和应用化学学院有一个房间。他就是皮埃尔·居里。

居里的祖父和父亲都是医生，他是个理想主义的独立思考者，并继承了父亲的自由开明思想观。他的父亲研究过心脏，在肺结核方面发表了很多文章,他的外祖父和舅舅研究改进了染色工艺和布料加工技术。受家庭的影响,皮埃尔·居里对科学感兴趣是很自然的事。在取得物理和数学的学位之后,他继续进行晶体对称性和晶体电性质的原创性研究。

皮埃尔·居里天性超脱,性格内向,对地位和闲谈不感兴趣。玛丽一直记得"被他脸上坦诚的表情和整个态度中蕴含的超然冷漠所打动"。[2]

玛丽和皮埃尔发现他们有许多共同点,他们之间的友谊也日渐加深。她在对祖国波兰的热爱和皮埃尔的强烈吸引之间陷入了矛盾,因为她本打算学成之后回到波兰定居,但又认为让皮埃尔离开法国是不公平的。最后她作出了决定——两位物理学家于 1895 年在巴黎结婚。第二年,玛丽通过了教师资格考试。1897 年,居里夫妇的第一个孩子伊雷娜(Irène)出生,恰逢玛丽完成了对钢磁性的研究(图 2.1)。

图 2.1 玛丽·居里。承蒙美国物理联合会塞格雷可视化档案馆,梅格斯(W. F. Meggers)诺贝尔奖获得者画廊提供图片。

一旦玛丽成为母亲,她离开研究工作是无可置疑的。但是,玛丽和皮埃尔都献身于科学研究,唯一的现实问题是必要的膳宿供应如何解决。夫妇俩雇用了一位佣人,皮埃尔刚刚丧偶的父亲欧仁·居里(Eugène Curie)医生也来和他们一起居住,专心陪伴孙女。

玛丽的下一个目标是博士学位。她对亨利·贝克勒耳的铀射线的报道很入迷,希望对这个还未被广泛研究的课题进行探索,她决定博士论文的研究主题是铀发出的不可见射线。

贝克勒耳采用摄影技术研究铀射线,这种方法能够给出令人震惊的影像,但是很难对射线进行定量化研究。玛丽决定通过射线的电效应来监测不可见射线,这是一个具有深远影响的决定。

当时有种被称为"验电器"的仪器可以检验空气中发生的电效应。科学家们意识到这种电效应是由被称为"离子"(来源于语意为"旅行者"的希腊单词)的带电粒子运动引起的。最简单的验电器包括悬挂于绝缘体上的一根金属棒和粘附在金属棒上的两片薄金属箔,将其置于金属外壳中以屏蔽杂散的电效应。如果带电体碰到金属棒,电荷会传到验电器的金属箔片上,并使它们分开(图2.2)。

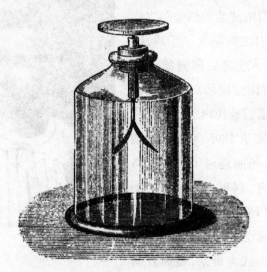

图2.2 金箔验电器。摘自汤普森著《电磁基本课程》(New York:Macmillan, 1901),第16页。

使用能把分子电离成离子的辐射(称为"电离辐射")轰击验电器附近的空气分子,空气会变成导体并带走验电器的部分(或全部)电荷,于是验电器的两金属箔片将向中心落下,因为没有足够的电荷(或者没有电荷)能用来抵消重力。实验者根据验电器两金属箔片的角度变化可以确定辐射强度。

早些年，皮埃尔·居里和他的哥哥雅克发现，石英晶体受压时会产生电信号。皮埃尔利用晶体的这种性质(称为**压电效应**)设计了异常敏感的验电器，即石英压电静电计(图2.3)。这种仪器的工作原理是把辐射对晶体产生的电效应比作已知大小的压力引起的效应。利用石英压电静电计，玛丽能够探测到电离辐射产生的细微差别，从而能够比较不同物质发出的不可见射线的强度。

皮埃尔所在学校的校长找到一间可以让玛丽做实验的小储藏室。她检验了其他科学家借给她的铀化合物和

图2.3 皮埃尔·居里和他发明的验电器。摘自玛丽·居里著《居里传》(*Pierre Curie*)，夏洛特·凯洛格(Charlotte Kellog)和弗农·凯洛格(Vernon Kellog)译(New York：Macmillan，1923)。承蒙美国俄克拉何马大学图书馆科学史收藏提供图片。

矿石，很快发现每种物质发射电离射线的能力(她称之为"活动性")直接取决于它所含的铀元素的数量，而不是它的物理或化学状态。正如贝克勒耳推断的一样，这种活动性似乎来自铀元素本身。

其他元素也能发出电离射线吗？玛丽借了含有其他元素的样品进行检验，并发现含有稀有金属钍(thorium)的物质使验电器损失了一部分电荷。钍首先在挪威的矿石中得到确认，并于1829年以挪威神话中雷神(Thor)的名字来命名。显然，钍也能发出电离射线。但是，德国化学家施密特(Gerhard Carl Schmidt)已经发表了这一研究成果。

居里夫人检验的所有元素中，只有铀和钍两种元素能发出不可见

的电离射线。居里夫妇在1898年将元素发射射线的能力命名为"放射性"。这些射线通常被称为"贝克勒耳射线",在1898年居里夫妇首次使用了这个术语。

如果放射性是某些元素的一种性质,而与它们的物理或化学状态无关,那么放射性一定是这些元素的原子的一种性质,即是原子特性。当时区分原子特性和分子特性被认为是非常重要的。原子特性被认为是单个原子的不变特性,而分子特性表征原子组合(比如化合物)的性质。作为原子特性,放射性就可以和已知的原子性质如原子量、原子光谱和原子价相提并论了。

回顾当时的发展状况,人们倾向于将术语"原子特性"解读出更多的含义,玛丽·居里也支持将原子特性的概念进行延伸拓展。贝克勒耳已经推断出放射性是某些特定元素的一种性质。居里夫人进一步断定放射性是一种原子特性。这种洞察力和真知灼见具有重要意义。然而在1898年,术语"原子的"还没有与后来发现的原子嬗变,特别是原子反应堆和原子弹联系起来。

新　元　素！

玛丽决定对检测矿石时发现的有趣现象进行研究。由于石英压电静电计能够准确地测量出每种物质的辐射强度,她注意到了摄影技术不能清楚显现的奇怪现象:两种天然矿石,沥青铀矿和铜铀云母的放射性比它们含有的铀或钍的放射性要强得多。另一方面,人造铜铀云母没有表现出不寻常的放射性。由于她检验了所有的已知元素,因此只能有一种可能性,即天然矿石中一定含有一种具有强放射性的新元素！

想要发现这种假设存在的新元素需要繁琐的化学分离方法。玛丽用一系列试剂检验样品,每次收集到可溶成分和不可溶沉淀物,再对它们做新一轮检验。为了加快工作进展,玛丽需要他人帮助,皮埃尔对妻子正在从事的科研工作很感兴趣,因此决定和她共同进行研究。由于化学的专业技能对发现新元素非常重要,皮埃尔邀请他的同事贝蒙(Gustave Bémont)加入他们的团队一起工作。

他们从 99 克沥青铀矿入手。居里夫妇预期在矿石中含有不超过百分之一的新元素。幸好他们没有意识到这个比例几乎是百万分之一。

到了 1898 年 7 月,居里夫妇意识到他们利用化学分离方法在含有铋元素的不可溶沉淀物中提炼出了具有强烈放射性的物质。由于铋元素不具有放射性,这种放射性一定来自化学性质与铋相似的其他未知物质,这就是他们正在寻找的新元素!玛丽一直铭记着她挚爱的祖国,因此把这种新元素命名为"钋"。但是这并不是他们对沥青铀矿的最后关注,因为几个月之后,他们又发现了第二种新元素存在的证据。他们采用不同的化学处理方式,即利用化学反应分离化学性质与钡相似的元素,提炼出了具有放射性的另一种未知物质,并将第二种新元素命名为"镭"(图 2.4)。

图 2.4 在破旧的工作棚中提取镭元素。摘自玛丽·居里著《居里传》,夏洛特·凯洛格和弗农·凯洛格译(New York:Macmillan,1923)。承蒙美国俄克拉何马大学图书馆科学史收藏提供图片。

居里夫妇不知道的是，一位德国化学家也发现了一种不同于钋的具有放射性的新物质。光谱检验方法确定其为重金属钡，但是钡不具有放射性，一定是另一种物质引起了放射性。读了居里夫妇发表的文章之后，吉塞尔（Friedrich Giesel）意识到他和居里夫妇正在研究同一种物质。吉塞尔的实验制品能够自发地发光，放出（他后来叙述）"最壮观的"蓝色光，这种光非常明亮，以至于可以借助它来看书。[3]

图2.5 吉塞尔。承蒙布克勒（Thomas W. Buchler）先生，布克勒公司提供图片。

吉塞尔写信告诉居里夫妇他的发现，并解释说他能够从溴化物盐中通过结晶方法提纯出这种新物质，这比居里夫妇使用氯化物提纯更快。吉塞尔采用他的技术在德国不伦瑞克的布克勒化工厂生产了镭，使得他的老板在那几年中成为欧洲科学家的主要供应商（图2.5）。吉塞尔是对新物质进行标准化学检验的第一人。他在本生灯火焰上灼烧了少量的新物质。不像钡元素产生绿色火焰，吉塞尔的新物质将火焰染成了漂亮的胭脂红色。[4]

居里夫妇的研究结果引起了科学界的广泛关注——新元素的发现总是具有重大意义。由于居里夫妇采用了一种全新的电学方法发现新元素钋和镭，他们的发现特别引人注目且富有争议。直到这个发现前不久，化学界才勉强接受光谱学——这是一种通过将光分成各种颜色的光来进行分析的方法，将其作为化学家使用的正规研究手段。几十年前，英国科学家洛克耶（Norman Lockyer）和弗兰克兰（Edward Frankland）宣布通过将太阳光透过分光镜，发现了太阳中存在一种新元素氦

（helium），并以希腊语"太阳"（helios）来命名。固执的化学界长久以

来都依赖于具体的视觉和嗅觉做检测工作，反对将物理学的抽象概念
引入到化学领域（图2.6）。基于检测不可见射线的物理仪器给出的结
果，化学家被要求接受看不见且无法估量的新元素的存在！这让一些
人很难信服。

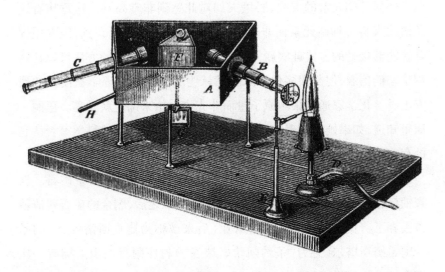

图2.6　分光镜。被检测物质放置在火焰（D）上。火焰发出的光穿过管子
（B）上的狭缝到达棱镜（F），然后通过望远镜（C）被观测到。摘自罗斯科著
《光谱分析》（London：Macmillan，1869），第54页。

　　化学家持有的怀疑态度是可以理解的，虽然他们并不总是了解别
人实验的细节。化学分析充满了各种困难。在检验某种物质的微小含
量时，很多复杂而微妙的操作方法会破坏样品。怀着将某种已知物质
的杂质误认为是一种新元素的担心，一些化学家暗示镭元素实际上是
被铀元素污染的钡，或者也可能是钡暴露在铀元素下而具有了放射性，
就像铁制品和磁铁接触会被磁化一样。
　　一些科学家甚至怀疑贝克勒耳射线的存在。这并不奇怪，因为科
学文献中随处可见各种质量存疑的关于新射线的工作。吉塞尔在

1899年底给居里夫妇写信称:"不幸的是,你们的漂亮发现起初几乎没人认同,因为勒邦具有欺骗性的工作,人们变得有些怀疑⋯⋯甚至伦琴也不相信贝克勒耳射线的存在⋯⋯"[5]

受人尊敬的光谱学家德马尔赛(Eugène-Anatole Demarçay)拍下氯化镭的光谱(由高电压火花发生器产生),并在光谱图中发现了一条不属于任何已知元素的谱线,居里夫妇对此感到非常高兴。这意味着这条谱线来自一种新元素而非杂质。但是玛丽·居里意识到,她要用怀疑者能够接受的方式证实新元素的存在。光通过棱镜的方法可以让物理学家们信服,但是很多化学家仍然认为分光镜是物理学家使用的研究工具。化学家通常采用原子量而非光谱分析来确定新元素。玛丽·居里知道,如果她能够确定镭的原子量,就不会有理智的科学家否认它的存在了。

为了提取足够的镭进行原子量测量,居里夫妇需要大量矿石。沥青铀矿很昂贵,但铀元素从沥青铀矿中被提取之后,剩余的矿石残渣就被丢弃了。奥地利政府在波希米亚(后来被称为捷克斯洛伐克)的圣约阿希姆斯塔尔(意为"圣约阿希姆峡谷")村庄附近的山上拥有一座沥青铀矿。如果玛丽能够支付航运运费,他们愿意把大量的沥青铀矿废渣运到巴黎。居里夫妇很高兴地同意了。他们请贝蒙帮助他们从矿石中提炼镭元素。

以前做实验用的储藏室显然太小了,不能用来做矿石需求如此之大的实验。学校里唯一可用的设施是没有地板的废弃库房。它的屋顶漏雨,也没有足够的防护措施来御寒保暖(图2.7)。这些设施让著名的德国化学家奥斯特瓦尔德(Wilhelm Ostwald)感到震惊,他曾经顺路访问这里。他把这个实验室描述为:"它是马棚和马铃薯地窖的混合体,如果我没有看到布满化学仪器的桌子,我会认为这是一个恶作剧。"[6]

1899年初,梦寐以求的货物到达了巴黎。为了防止有毒烟雾凝结在实验棚中,玛丽在院子里完成了大部分工作。她处理了大约100千

图 2. 7 发现镭元素的实验棚。来源：居里博物馆（coll.
ACJC）/居里研究所。

克矿石，以 20 千克为一炉，历经磨碎、溶解、煮沸、搅拌、过滤、倾倒和结
晶等多个过程，直到全部矿石被分离成不同的化学成分，然后检验每种
成分的放射性。

即使对健壮的男性来说，这些工作也是令人筋疲力尽的，但是玛丽
娇小漂亮的外貌下潜藏着内心的坚强和意志。经过近四年的繁重劳
动，她提炼出了足够的镭元素并确定了它的原子量（1/10 克，在 1902
年）。[7]

这项永载史册的工作给居里夫妇带来了莫大的荣誉，玛丽也于
1904 年圆满完成了博士学位论文。放射性从 X 射线的遮蔽下解脱出
来，成为了一个热门而令人振奋的独立研究领域。1903 年，诺贝尔奖
委员会将诺贝尔物理学奖授予贝克勒耳和居里夫妇，以表彰"他发现
了自发放射性"和"他们共同对亨利·贝克勒耳教授发现的辐射现象
所做的研究"。[8]

第三章

卢瑟福、索迪、粒子和炼金术?

冒险精神加上顽强的决心,使他实现了他的追求。

——索迪(Frederick Soddy),1953 年

如果原子能可被开发和利用,它将在塑造世界的命运中充当什么样的角色!

——索迪,1904 年

α 射线——

值得付出金钱,

还有诺贝尔奖,

谁能假装看不见?

卢瑟福,

他的成就真杰出,

全世界人民都看得出!

——罗布(A. A. Robb),约 1919 年

卢瑟福和射线

大约在玛丽·居里探寻放射性元素的同时,另一位物理学家正在研究射线。卢瑟福(Ernest Rutherford)是一位聪明自信的年轻人,刚从新西兰的坎特伯雷学院毕业,获得了英国剑桥大学的奖学金而进入著名的卡文迪什实验室,成为实验室主任 J·J·汤姆孙(Joseph John Thomson)的研究生。汤姆孙是英语国家中电学研究领域的领军人物,专门研究气体中的电离作用(产生带电粒子的过程)和电传导。

卢瑟福的父亲是农民,母亲是教师,他从小就对物理学产生了浓厚的兴趣,在新西兰从学生时代就开始从事研究工作。卢瑟福的成就与母亲的支持是分不开的,在整个事业生涯中,他一直和母亲通过信件交流自己的工作。在汤姆孙实验室,卢瑟福继续研究磁学和高频电波(后来被称为无线电波)。

随后,伦琴发现了 X 射线。这些神秘辐射吸引了卢瑟福,并永远地改变了他的职业生涯。卢瑟福沉浸于射线研究的兴奋之中,他加入了导师汤姆孙关于这些射线造成的气体导电性的研究,并变得精通于电离作用研究。卢瑟福的研究工作给他的导师留下了深刻印象,并引起了科学界的广泛关注。1898 年,他收到了位于加拿大蒙特利尔的麦吉尔大学的入职通知书(图3.1)。

尽管卢瑟福更喜欢留在英格

图3.1 卢瑟福。摘自乔治·格兰瑟姆·贝恩的摄影集(George Grantham Bain Collection),承蒙国会图书馆提供图片。

兰这个英国科学活动的中心，但是他被麦吉尔大学的高水平物理实验室所吸引。这些精良设备由威廉·麦克唐纳爵士(Sir William MacDonald)捐赠，他反对吸烟，但是具有讽刺意味的是，他通过烟草发了财。卢瑟福(碰巧他烟瘾很大)接受了麦吉尔大学提供的职位，他在新环境中安顿下来之后，便开始对铀元素发出的贝克勒耳射线进行试验。他想弄清楚贝克勒耳射线是否如很多人猜测的那样是一种 X 射线。

为了追踪射线，卢瑟福采用在剑桥大学已经完善的电学方法，而不是亨利·贝克勒耳以前采用的摄影方法。这种选择是至关重要的，因为电学测量能够给出定量结果，而摄影方法(包括等待影像在底片上形成)精度不高且很大程度上依赖于观测者的主观阐释。首先，卢瑟福重做了贝克勒耳的铀射线折射和偏振实验。如果这些射线是某种形式的光，正如贝克勒耳所相信的那样，它们会发生折射和偏振现象。但是卢瑟福没有观测到任何一种现象。

然后卢瑟福又检验了其他可能性，即贝克勒耳射线是一种 X 射线。根据他在剑桥大学基于汤姆孙的电学理论所做的工作，卢瑟福预言，如果贝克勒耳射线是一种 X 射线，那它将会把空气电离。他的实验测量和理论预言相符合。

正如贝克勒耳和施密特早先注意到的，这种射线并非由单一成分组成。卢瑟福证实了这种射线由两种成分组成，一种在传播过程中很容易被阻挡(他称之为"α"，以希腊字母表中第一个字母 α 命名)，另一种能够穿透多层铝箔(他称之为"β"，以希腊字母表中第二个字母 β 命名)。卢瑟福观测到的这些现象和一位法国物理学家新近的发现惊人地相似。1898 年，萨尼亚克(Georges Sagnac)发现使用 X 射线轰击物体会产生新的 X 射线，并将其命名为次级辐射。相比于原始辐射(初级辐射)，次级辐射更容易被吸收。卢瑟福认为贝克勒耳射线是初级和次级 X 射线的混合体，即 β 射线是初级辐射，α 射线是次级辐射。

1899 年初，贝克勒耳重新探讨了早年做过的铀射线实验。他发现不能重复一部分实验结果，随后意识到对其他结果也作出了错误的解释。贝克勒耳承认他发现的新射线更像 X 射线,而不像光。到那时为止,放射性研究者认为,贝克勒耳射线是一种 X 射线。[1]

能量来自哪里?

辐射的产生需要能量。初级 X 射线的能量来自产生射线的高压放电管。次级 X 射线的能量来自初级 X 射线。贝克勒耳射线的能量来自哪里? 玛丽·居里认为空间中充满了未知辐射,从而为放射性提供了能量。当铀和钍吸收了这种未知辐射后,它们以磷光的形式发出次级射线。居里的同事萨尼亚克发现,最重的元素吸收 X 射线的能力最强。由于钍和铀是重元素,这非常符合居里夫人的想法。

居里夫妇认为这种未知辐射可能来自太阳,于是他们比较了铀元素在正午和午夜时的放射性。在午夜,射线需要穿过地球才能到达铀样品,如果地球吸收了一部分射线,午夜时铀样品的放射性应该比正午时小。然而,放射性的实验测量结果在正午和午夜时完全相同。居里夫妇对寻找放射性能量来源的失败感到非常困惑,他们甚至在考虑能量守恒基本原理是否被违背。也许放射性并不遵从能量守恒基本原理。威廉·克鲁克斯爵士也在怀疑,放射性从空气分子运动中收集能量是否违背了物理定律。

1898 年到 1899 年期间,两位德国物理学家做了大量实验来查找放射性的起源。埃尔斯特(Julius Elster)和盖特尔(Hans Geitel)是学校教师和受人尊敬的物理学家,他们在位于中世纪古镇沃尔芬比特尔的埃尔斯特家里建立了私人实验室。他们从童年时代就是朋友,一起完成了大多数科研工作,因此术语"埃尔斯特—盖特尔"在科学界表示一个团队。

多年以来,为了理解天气相关的现象,埃尔斯特和盖特尔研究了大气中的电场效应,这是 19 世纪的热门研究课题(图 3.2)。他们获知贝克勒耳的发现后,想知道放射性是否会影响天气,因此决定研究这种新

图3.2 埃尔斯特(左)和盖特尔(右)。承蒙沃尔芬比特尔的弗里克档案馆(Archiv Fricke)提供图片。

现象。埃尔斯特尝试着用光和热影响铀辐射,但徒劳无功。为了弄清楚是否空气中的某种物质引起了放射性,埃尔斯特和盖特尔把沥青铀矿和铀盐放置在真空中,然后改变空气压力,结果放射性没有任何变化。[2]

为了检验放射性是否由外部辐射引起,埃尔斯特和盖特尔带着具有放射性的样品来到位于沃尔芬比特尔南部的哈茨山脉,把样品埋在了一座矿井底下。如果是光或其他辐射引起了放射性,那么超过800米厚的泥土一定会阻止一部分放射性。然而,矿井底下的样品和地面上的一样,仍然继续放出射线。[3]

贝克勒耳射线看起来具有 X 射线的性质。既然阴极射线能产生 X 射线,它们也能产生贝克勒耳射线吗?埃尔斯特和盖特尔用阴极射线轰击一块沥青铀矿,但它的放射性没有变化。日晒也没有任何影响。有好几年,科学家们尝试着用 X 射线和放射性辐射来改变放射现象,但是毫无效果。

如果放射性能量不是来源于外部,唯一的可能性是来自原子内部。很多物理学家猜测原子是带电粒子构成的系统。根据电学理论,对这样一个系统的任何干扰都会产生进一步的扰动。1898 年,汤姆孙提出,结构或许比较复杂的重原子,比如铀,可能会重新排列自身结构而引起放射性。一个相关设想是原子的组成部分在不断地运动,当它们达到某种特别不稳定的排列时,原子将发生蜕变。

由于以上因素对放射性都没有影响,埃尔斯特和盖特尔猜测一定是原子内部的变化引起了放射性。这是一个重要的结论,但 1899 年时人们对原子嬗变和核能一无所知,因此不能将他们的结论用放射性的现代理论来阐释。埃尔斯特和盖特尔把放射现象想象成某种类似于不稳定化合物转变成某种稳定形式的过程。这种变化会释放能量，改变原子特性，而原子不再是不稳定的。这并不意味着某种元素的原子变成了另一种元素的原子。

同年，玛丽·居里提出了一种新的、有先见之明的可能性。19世纪末，进化论是一个令人兴奋且有争议的话题。居里夫人提出，放射性是重元素演变成其他不同元素的信号。只过了短短几年，两位年轻研究人员便证实了她的预言。

物质射线？β粒子的发现

玛丽·居里是第一个在出版物上（1899年1月）提出贝克勒耳射线可能是微小物质的物理学家。1897年，汤姆孙提出阴极"射线"实际上是小的带负电粒子，他称之为"微粒"（corpuscles）。科学家们最终采用了**电子**这个术语，这个词最早是在1891年作为电流的假定单位而提出的。德国物理学家维歇特（Emil Wiechert）和考夫曼（Walter Kaufmann）作出了类似的发现，并定出电子质量是最小的原子氢质量的两千分之一。如果阴极射线是物质微粒，那么贝克勒耳射线也是一种物质吗？

科学家采用一种常见的试验来区分带电粒子和非物质辐射。磁铁能使运动的带电粒子加速或偏离运动轨迹，但是对射线没有影响。磁铁偏转运动粒子的方向取决于粒子所带的电荷。几位研究者决定将磁力或磁场施加于贝克勒耳射线。

埃尔斯特和盖特尔已经证实磁场能减弱空气中的电效应。他们认为磁铁把空气离子从测量仪器周围移开了，从而降低了实验仪器记录的电流数值。埃尔斯特和盖特尔想知道贝克勒耳射线产生的离子是否有相同的行为，于是他们尝试用铀做实验。由于铀元素发出的微弱射线不会产生很多离子，他们从吉塞尔那里借了镭样品——他刚在不伦瑞克当地的科学协会展示了镭。他们的磁铁使得镭辐射产生的离子发生了运动。

除了使气体离子发生运动,磁铁能否使贝克勒耳射线偏转呢? 埃尔斯特和盖特尔用磷光屏检验镭射线,屏幕上镭射线照射的地方会产生一个亮点。他们发现亮点不能用磁铁移开。这似乎表明贝克勒耳射线不是物质微粒,而更像是 X 射线。

吉塞尔决定检验埃尔斯特和盖特尔的工作。他使用磷光屏和感光板来记录镭和另一种他认为是钋的物质发射出的射线的路径。吉塞尔(1899 年 10 月)发现磁场确实使得射线发生了偏转。当他改变磁极取向时,射线的偏转方向也发生改变。射线一定是某种物质。

1899 年早些时候,吉塞尔在慕尼黑的科学会议上展示了新的放射性物质。这激发了来自维也纳大学的一位年轻物理学家的兴趣。斯特凡·迈尔(Stefan Meyer)出生于一个著名的维也纳中产阶级家庭,他的父母是作家和艺术收藏家,他在有修养和思想开明的环境中长大(图 3.3)。吉塞尔将样品借给迈尔进行元素磁性质的研究。迈尔还从居里夫妇那里得到了镭和钋样品。

迈尔和他的同事施魏德勒(Egon Ritter von Schweidler)合作进行研究。施魏德勒是律师的儿子,研究气体中的电现象,这使得放射性自然而然地成为他下一步的研究工作(图 3.4)。这两位物理学家决定检验埃尔斯特和盖特尔公布的结果。与埃尔斯特和盖特尔的实验结果不同,迈尔和施魏德勒能使贝克勒耳射线在磁场中发生偏转。这个结果意味着贝克勒耳射线是带电粒子,从偏转的方向可以确定粒子带负电。

图 3.3　迈尔。承蒙奥地利物理中央图书馆提供图片。

同时,在巴黎自然历史博物馆,镭和钋的发现重新唤起了贝克勒耳对放射性研究的兴趣。贝克勒耳从居里夫妇那里得到样品,发现就反射、折射及偏振性质而言,镭射线非常类似于 X 射线。随后,他比较了贝克勒耳射线和 X 射线在博物馆收集的磷光矿石上激发的光,结果模棱两可。有时两种射线产生的效应完全不同,这意味着贝克勒耳射线是 X 射线引起的不同波长的电磁辐射。另一方面,与之前他父亲所做的阴极射线激发矿石的实验相比,一些矿石对镭射线的反应与之非常相似,这意味着贝克勒耳射线是物质微粒。

图 3.4 施魏德勒。承蒙奥地利物理中央图书馆提供图片。

为了弄清楚贝克勒耳射线是 X 射线还是阴极射线,贝克勒耳用电磁铁检验了镭和钍发出的射线。随后,他在不到六周的时间内发表了第三篇文章,宣称磁铁偏转了射线。贝克勒耳射线是像阴极射线一样的物质!

但是事情并不完全是这样。根据皮埃尔·居里在 1900 年初的报告,只有更具穿透性的(β)射线才能被偏转。贝克勒耳射线的剩余部分看起来类似于 X 射线。其他研究人员在实验中不能用磁铁区分出 α 射线和 β 射线。在射线经过的路途上放置纸片或硬纸板,就能区分出不同的射线,α 射线会被纸板吸收,β 射线会穿透纸板。

由于电场力也能使运动的带电粒子在运动轨迹上发生偏转,德国哈雷大学的多恩(Friedrich Ernst Dorn)将电场力施加给镭发出的 β 射线。正如预想的一样,不能影响 X 射线路径的电场,却使 β 射线传播的路径发生了弯曲。

这些结果指向了一组新的实验。力场推动带电粒子从初始路径偏离的距离,取决于带电粒子的电荷和质量。使带电粒子穿过电场和磁场的混合力场,就能确定它的电荷与质量的比值。贝克勒耳首次成功测得了这个比值,它与阴极射线粒子的荷质比差不多。日积月累的证据使得多数科学家相信 β 射线是高速阴极射线粒子。

β 粒子的发现不是挫败而是巩固了放射性的 X 射线理论。X 射线轰击物质,会产生次级射线。皮埃尔·居里和萨尼亚克发现次级射线带有负电荷。显然,有一些射线是由粒子组成的。

两种情况的类比显而易见。某些次级射线是带负电的粒子。β 射线如同阴极射线一样,也是带负电的粒子。因此,假定贝克勒耳射线是 X 射线和 X 射线产生的高速阴极射线粒子的混合物是合理的。

β 粒子的发现给物理学家研究重要的理论问题提供了工具。电磁理论预言,粒子质量随着速度的增加而增加。由于粒子质量的增量太小,普通的阴极射线不能观测到,也许高速 β 粒子能够产生可观测的效应。

1902 年,考夫曼发现 β 粒子的质量确如预期那样增加了。有些人把这一发现看成是对某些激进观点的支持,即所有质量都来源于电动力学,物质只是由运动的电产生的幻象。

这一发现也鼓励了对放射性起源的激进猜测。居里夫妇提出"弹道假说",即镭原子在发射带负电粒子的过程中逐渐失去了能量。他们在 1900 年写道:"这种观点会导致可变原子假说。"[4] 居里夫妇的朋友皮兰(Jean Perrin)——他的研究曾经帮助验证了汤姆孙发现的电子的存在——提出了原子的太阳系模型,即原子中的带负电粒子围绕质量更大的带正电的"太阳"转动。贝克勒耳把原子想象成汤姆孙的微粒和质量更大的带正电粒子的聚集体。但是,没有一个理论具有革命性的突破而带来真正的转机,我们必须回到在加拿大的卢瑟福那里。

钍 射 线

卢瑟福分析了铀射线的性质后,想知道其他放射性物质发出的射线是否也具有相同的性质。铀和钍能在市场上买到,而镭和钋很难得到,这限制了大多数研究人员对样品的选择。这种限制对卢瑟福来说是幸运的,因为钍的反常特性引导他最终取得了令人瞩目的研究成果。

就像卢瑟福检验了氧化铀发出的射线一样,卢瑟福在麦吉尔大学的同事、电气工程教授欧文斯(R. B. Owens)检验了氧化钍发出的射线。欧文斯注意到钍发出的射线能够穿透薄铝箔片。虽然这种射线变化无常,但似乎与空气的运动相关。尽管不确定这种射线由什么组成,但是卢瑟福相信它是微粒状的,并称之为"射气"(emanation)。

消失的放射性

与此同时,德国科学家的一个发现威胁到了放射性是永恒不变的这一假说。1899年8月,吉塞尔报告称钋的放射性随着时间的推移而消失。

卢瑟福断定钍射气的放射性也会逐渐减弱,他开始通过测量氧化钍在空气中产生的电流来衡量钍射气的放射性降低得有多快。他使用静电计(类似于验电器,但是有校准的刻度和记录电流的指针)测量之后,发现电流随时间呈指数下降。放射性在一分钟内就降到了初始值的一半!某种物质失去一半放射性所需的时间,成为衡量放射性衰减的标准,后来被称为放射性**半衰期**(图3.5)。

钍还为卢瑟福准备了另一个惊喜:钍射气接触到的每件物品都变得具有放射性。这种新的放射性也随着时间减弱,但是和钍射气具有不同的衰减速率。

卢瑟福首先想到的是,类似于光激发磷光的方式,钍射气激发了其他物质的放射性。他很快发现这种放射性表现得更像一层粒子,而不是由媒介如光或磁力激发的物质。无论什么物质被钍射气激发,都具有相同的特性。这种放射性像物质一样被负极吸引,能被强酸或用力擦洗除去。进一步仔细测量发现,射气和受激放射性产生的电效应彼此呈正比关系,这意味着它们之间有因果关系。

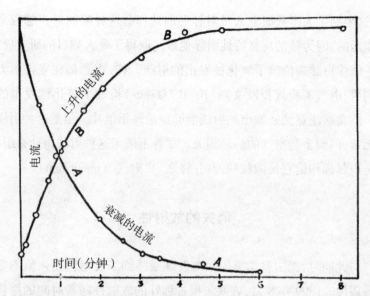

图3.5 表示放射性指数衰减的第一张图。半衰期大约是一分钟。摘自卢瑟福著《钍化合物发出的放射性物质》(*A Radioactive Substance Emitted from Thorium Compounds*),《哲学杂志》(*Philosophical Magazine*)49卷(1900年)第1—14页,见《纳尔逊的卢瑟福爵士论文集》(第一卷)(*The Collected Papers of Lord Rutherford of Nelson* Ⅰ),查德威克(James Chadwick)编辑(London: George Allen and Unwin, 1962),第224页。经欧内斯特·卢瑟福家族许可翻印。

卢瑟福在埃尔斯特和盖特尔提供的镭样品中没有检验出任何射气。(这种物质可能是新钍Ⅰ,它和镭有相似的化学性质,但是不会产生射气。)然而,1900年6月多恩宣布他发现了镭射气。卢瑟福向多恩的供货商,即比利时人德汉(Eugen de Haën)拥有的位于汉诺威附近的化工厂订购了镭样品,并和他的学生布鲁克斯(Harriet T. Brooks)一道开始进行实验研究。他们在新样品中检测到了射气。假定射气是一种气体,布鲁克斯和卢瑟福测量了它扩散到空气中的速率。

在此期间,几位化学家得到了令人费解的结果,这些结果对卢瑟福的研究起了极其重要的作用。起初看起来他们在铀化合物的提纯中碰到的问题和钍的性质似乎没有任何关系。著名的匈牙利化学家冯·伦杰尔(Béla von Lengyel)从硝酸铀中沉淀出一种类似于钡的放射性物质。问题是钡不具有放射性,那么这种物质是什么呢?吉塞尔也得到了类似的结果,并注意到这种神秘物质从硝酸铀溶液中分离出来之后,硝酸铀失去了部分放射性。他在1899年已经观察到,新制备的镭获得了放射性。什么原因引起了这些不规律性?

在伦敦,威廉·克鲁克斯爵士将硝酸铀分离成活性和非活性成分。活性成分的化学特性与铀不同。克鲁克斯提出,铀的放射性是由样品中的杂质引起的,并把它称为"铀 X",即"铀中的未知物质"。[5]他猜测铀中的杂质是镭。

1899年,居里夫妇的同事德比耶纳(André-Louis Debierne)——他曾经跟随杰出的物理化学家弗里德尔(Charles Friedel)学习——在沥青铀矿中发现了另一种新的放射性物质。他把它命名为"锕"(actinium),其名字可能源于单词"光化性"(actinic),这是那个时代描述辐射引起感光板变黑的术语。德比耶纳认为锕在化学性质上类似于钍。他想知道钍的放射性是否由微量的锕引起。贝克勒耳除去了铀中他认为可能是锕的杂质,但是铀仍然具有放射性。显然,铀的放射性并不是来自锕。

1901年,贝克勒耳从氯化铀中提取了他认为具有放射性的钡。他重复提取了18次,这使得铀失去了大部分放射性。克鲁克斯似乎是对的。也许铀的放射性是由一种杂质——最可能是镭(与钡化学相关)引起的,纯铀根本不具有放射性。

然而,贝克勒耳发现那些推测很难让人信服。尽管不同地方的铀矿石含有不同种类和不同数量的杂质,这些差异似乎并不重要。铀的放射性和它在哪里开采无关。如果铀的放射性不是杂质引起的,那么为什么化学提纯会改变铀的放射性?这个令人费解的问题没有得到解决,贝克勒耳把他的铀制剂放在了一边,回到了他喜欢的课题(可见光）的研究上。

卢瑟福对这些研究报道非常感兴趣。钍的放射性真的如德比耶纳认为的来自杂质？为了回答这个问题以及确定射气和受激放射性的本质特性，卢瑟福意识到他需要化学家的帮助。他求助于麦吉尔大学年轻的化学助教索迪。他刚从牛津大学具有悠久历史的默顿学院毕业，该学院曾经在物理科学方面声名显赫。索迪聪明勇敢，表现出极大的求知热情，接受了这个有挑战性的工作（图3.6）。

图3.6 索迪。承蒙弗雷德里克·索迪信托基金会提供图片。

卢瑟福和索迪在实验中使用了高灵敏度验电器，它给出的结果远比摄影装置准确。他们首先在元素周期表的钍系元素中寻找射气，因为这些元素与钍具有相同的化学性质。他们发现只有钍放出射气，这意味着其他钍系元素与射气没有关系。显然，钍发射射气的能力与它的化学性质无关。

为了揭示射气的化学性质，索迪用各种化学试剂进行试验。结果发现射气和任何化学试剂都不发生反应，索迪认为它一定是某种惰性气体。这种气体来自钍本身或者大气。如果是第二种可能性，那么钍是以何种方式使空气中的惰性气体变得具有放射性的呢？

嬗　变！

射气起源的第一种可能性给出了一种惊人的猜想。钍能把自己嬗变成射气吗？当时，嬗变是一个危言耸听的想法，因为它听起来有点像炼金术。尽管炼金术早已不为科学家所相信，但它却在19世纪末开始了复兴的历程。四个炼金术社团和一个炼金术大学在法国成立了。一个社团从1896年到1914年出版了月刊杂志。一些人宣称他们把一种元素变成了另一种元素,在格拉斯哥有一个团队声称把铅变成了金或汞。

多数科学家不屑于这种尝试。据说索迪惊呼道:"卢瑟福,这是嬗变:钍分解后转变成了氩气。"卢瑟福回答道:"我的天啊,索迪,不要把它称为嬗变。他们会把我们当作炼金术士砍了我们的头。"[6]他不希望他们的工作因这种联想而遭受有罪折磨。

在得出这样一个激进结论之前,索迪和卢瑟福不得不找到射气的来源。它来自大气还是钍样品?他们甚至不确定钍本身是否具有放射性。也许就是一点儿杂质,类似于克鲁克斯的铀X,引起了钍的放射性并使之产生射气。

经过多次试验,索迪从氧化钍中提纯出某种未知物质,它们似乎带有大部分放射性且能产生射气。如同预期的一样,除去未知物质后,留下来的钍失去了大部分放射性。很显然,他分离出了钍X。

索迪和卢瑟福开始圣诞节度假,把他们的实验样品放在了实验室里。同时,贝克勒耳决定重新检验他的样品。吉塞尔曾经观察到,新分离的镭刚开始时放射性增加,因此贝克勒耳猜测他能发现放射性已经衰减的样品的放射性能够恢复。借助于电路和磁铁中的术语,贝克勒耳把这一过程想象成一种"自诱导",即铀化合物莫明其妙地使自身放射性增加了。他的预言得到了证实。铀恢复了最初的放射性,而类似于钡的物质失去了放射性。贝克勒耳在1901年12月发表了他的研究成果。

当索迪和卢瑟福返回工作的时候,在邮箱里发现了贝克勒耳发表的文章和克鲁克斯的信件。读了这些之后,卢瑟福和索迪急切地检查了他们的钍制品。他们得到了与贝克勒耳相同的结果:钍X失去了几乎所有放射性,而钍又重新获得了放射性。

由于贝克勒耳关于"自诱导"的模糊概念不能让人满意,麦吉尔团队通过测量钍 X 及钍失去和重新获得放射性的快慢程度,对这个神秘过程进行了量化。他们把这些测量结果称为**衰变率**和**恢复率**。索迪和卢瑟福在实验测量中使用特别纯净的硝酸钍样品和静电计。钍 X 花了约四天时间失去了一半放射性(钍 X 的半衰期)。同时,钍又重新获得了它最初的放射性的一半。根据数据画出的图产生了镜像曲线,钍和钍 X 的放射性之和总是不变的。这些图可以用指数函数表示出来(图 3.7)。

既然钍 X 的放射性会衰变,显然钍正在产生更多的钍 X 来代替它。钍 X 在化学性质上不同于钍,因为采用特定的化学试剂(氨水)能

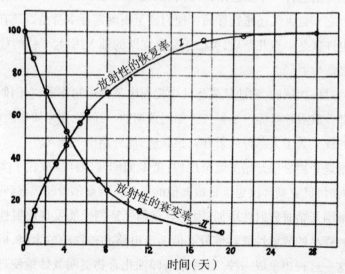

图 3.7 钍和钍 X 的放射性衰变与恢复。摘自卢瑟福和索迪著《钍化合物的放射性,Ⅱ. 放射性的起源与本性》(The Radioactivity of Thorium Compounds. II. The Cause and Nature of Radioactivity),《伦敦化学学会汇刊》(*Transactions of the Chemical Society of London*),81 卷(1902 年),第 837—860 页,第 841 页。见《纳尔逊的卢瑟福爵士论文集》(第一卷),查德威克编辑(London:George Allen and Unwin, 1962),第 439 页。经欧内斯特·卢瑟福家族许可翻印。

把钍 X 从钍中分离出来。这意味着钍产生了一种具有不同化学性质的新物质。[7]

索迪和卢瑟福冷静地得出结论："放射性是亚原子化学变化的一种表现形式。"[8] 放射性产生的能量一定来自原子内部的重新排列。他们避免使用"嬗变"这个野蛮而声名狼藉的术语,并请求受人尊敬和人脉深远的克鲁克斯帮助他们把有争议的结果发表出来。1902 年,他们的研究结果以中立的题目《钍化合物的放射性》发表在声望很高的《伦敦化学学会汇刊》上(文章能发表可能是索迪的原因)。

也许,索迪非常关心自己的事业发展,因而变得小心谨慎。更可能的是,卢瑟福没有意识到索迪的化学试验的真正意义,而不愿意发表更多意见。卢瑟福对放射性的物质解释一直犹豫不决。他更赞同贝克勒耳射线的 X 射线理论,这个理论没有预言任何根本性的原子变化。他对 β 射线是物质这一发现深感意外。

相比之下,索迪在与卢瑟福合作之前,就已经在考虑嬗变的可能性。他在 1899 年写道:"探索物质组成一直是化学研究的内容,在嬗变被发现之前,人们对物质组成方式知之甚少。"索迪后来声称,当发现钍射气原来是惰性气体时,他意识到嬗变正在发生,并尝试着说服卢瑟福相信这一点。1903 年 8 月,他写信给卢瑟福称:"我努力让你意识到我们最近的工作与之前任何工作之间的巨大差距,但依我看,我是彻底失败了,所以在这封信里我不再试图说服你……"[9] 针对贝克勒耳射线的更多实验进一步解析了卢瑟福和索迪对放射性阐释的技术细节,并使卢瑟福弄清了这一理论的革命创新本质。

需要回答的关键问题是产生钍 X、射气和受激放射性的变化次序。像埃尔斯特和盖特尔一样,卢瑟福假定放射性过程首先是某种未知扰动引起原子内部重新排列,这种新的排列不稳定,导致原子辐射电磁能量(像 X 射线),有时还有 β 粒子(电子)。第二次重排产生不稳定的射气,然后射气发出射线,并且产生受激放射性。这种阐释假定物质没有发生任何本质变化。射线发射成了老生常谈,没有和放射性物质的元素变化联系起来。然而,卢瑟福猜测的变化次序和放射性实验测量的细节不相符。

放射性物质发出的射线中有大量的 α 射线。玛丽·居里在 1900 年 1 月发现,这些射线被吸收的方式更像炮弹而非真实的辐射。很多物理学家猜测 α 射线带有正电荷,包括卡伦德(Hugh L. Callendar,卢瑟福在麦吉尔大学的前辈)、斯特拉特(Robert J. Strutt,未来的瑞利男爵四世)、威廉·克鲁克斯爵士、汤姆孙、皮埃尔·居里和德比耶纳。然而,没人能在磁场中使 α 射线的运动轨迹发生偏转,这是区分带电粒子和电磁辐射的决定性检验。

卢瑟福和索迪从钍中分离出钍 X 后,未能除去钍的所有放射性。残留的放射性全由 α 射线组成。由于受激放射性表现得好像它们是带正电的粒子,卢瑟福决定重新研究 α 射线是否带有正电荷。

实验研究需要比早期未成功的镭样品更加有效的 α 射线源。通过皮埃尔·居里的斡旋,卢瑟福得到了比以前的放射源活性高 19 倍的镭样品。他重新设计了测量仪器,并从麦吉尔大学电气工程系借了一个强力磁铁。

这些改进的实验配置在 1902 年秋带来了成功。卢瑟福的实验仪器使得 α 射线在与 β 射线相反的方向上发生了偏转,证实了它们是带正电的粒子。它们的荷质比表明 α 粒子比电子重得多,与原子差不多大小,这么大的质量(大约是很容易被偏转的 β 粒子质量的 1000 倍)使其很难被偏转。总之,α 射线是带正电的粒子,而不是某种 X 射线。

α 粒子的发现使卢瑟福认识到了原子转化的真实性。人们很容易想象,失去电子或发生电磁辐射对原子影响甚小,但是很难让人相信发射原子大小的粒子不会强烈地改变原子本身。发射射线并不是原子内部重新排列的结果,反而是原子发射射线引起了后续的变化。1903 年,卢瑟福和索迪修正了他们解释 α 发射的理论,关于原子变化次序的问题也就不存在了。原子大小的 α 粒子是放射性原子蜕变的产物之一。

气装置。用这种低温装置,卢瑟福和索迪能够冷凝钍和镭射气(它们的液化温度略有不同),这提供了它们是气体物质的更多证据,也说明,"放射性同时伴随着某种特定活跃物质的连续产生,这种物质拥有明确清晰的化学和物理性质。"[10]换句话说,嬗变是真实存在的。

1903 年初,索迪离开了麦吉尔大学,在伦敦找到了固定职位,并和化学家威廉·拉姆齐爵士(Sir William Ramsay)一起合作研究。[11]拉姆齐最近在元素周期表中增加了新的惰性气体一族,它们包括氩(由他与杰出的物理学家瑞利勋爵共同发现)、氦、氖、氪和氙。依据索迪的工作,具有放射性的射气应该属于这一族元素。拉姆齐和索迪都迫不及待地开始研究射气。对索迪来说,离开边远地区和著名化学家一起工作是非常好的职业变动。

错过的发现

当索迪和卢瑟福正在探索钍的特性,并系统地阐述原子嬗变理论时,正在研究镭特性的法国科学家给出了不同的结论。英国和法国的研究团队在诠释放射性起源方面的令人吃惊的差异源于对科学本质的不同观点。

卢瑟福发现钍的受激放射性之前不久,居里夫妇已经发现了一种类似于镭的物质。起初他们认为这种物质是镭的杂散颗粒。实验排除了这种可能性之后,他们提出镭正在"感应"其他物质的放射性。这个术语暗示着放射性起源类似于磁感应效应,即铁块通过接触磁铁获得了暂时磁性。这个术语也被用于电磁感应,通过万能以太磁场可以"感应"出电流,电流也可以"感应"出磁场。镭被除去之后,被"感应"的放射性在样品中继续存在。贝克勒耳采用他百用不烦的磷光理论分析认为,居里夫妇的感应放射性一定类似于磷光,因为镭射线产生这种放射性和光产生磷光的方式是相同的。

居里夫妇发现,感应放射性首先增加,然后随着时间指数衰减,这类似于卢瑟福发现的钍放射性。由于实验者已经发现放射性不受任何能想象到的力和环境的影响,居里夫妇认为感应放射性并不是真的放射性。他们想知道,其他物质表现出的放射性是否只是感应放射性。

其中一个例子是钋。吉塞尔发现钋的放射性会随时间而减弱,这似乎说明以玛丽·居里挚爱的祖国波兰命名的这种物质可能根本就不是一种新元素。带着困惑和惊讶,吉塞尔询问居里夫妇,是否"没有可称量的物质能通过'钋'来理解,它只是一种感应的以太运动(电磁辐射)"。由于钋元素在化学性质上和铋元素很相似,吉塞尔认为"所谓的钋"可能是被镭杂质激发的铋。[12]居里夫妇对钋似乎不具有真正的放射性感到很失望,认为感应放射性只是放射性中的微小效应,他们把注意力转移到这个学科的其他方面。

1901年,皮埃尔·居里读了卢瑟福和索迪关于钍特性的文章之后,决定重新研究镭射气和受激放射性。像卢瑟福一样,他找了一位杰出化学家德比耶纳[13]一起合作研究。居里和德比耶纳发现,镭在密闭容器中比在开放容器中感应了更多的放射性,而在密闭容器外面不能感应放射性。感应放射性不局限于 α 射线和 β 射线经过的路径,它的行为看起来像气体。之前居里夫妇已经注意到沥青铀矿发出具有放射性的气体。

然而,居里和德比耶纳拒绝推测感应放射性是某种气体。他们认为得出这样的结论太草率,因为可能存在其他解释(他们没有指明别的解释)。贝克勒耳发表了关于射气和受激放射性的极具猜测性的理论之后,居里在1902年1月找到了正确的科学方法:

在对未知现象进行研究时,人们可以作很常规的假设,借助于经验一步步地前进。这种按部就班的研究进展必然是缓慢的。相反地,人们也可以作大胆假设,明确提出某种现象的机制,这种方式的优点在于建议进行某些实验研究,最重要的是能够使用图像来促进推理。另一方面,不能指望根据经验可以构想出一个先验的复杂理论。精确的假设在真理之中也确实包含一些错误,那只是……构成更一般命题的一部分,将来总有一天会回到一般命题。[14]

这段话是实证主义哲学运动的反映,实证主义在 19 世纪的欧洲大陆很流行。在自然科学方面,这些哲学思想倡导无明确意义的数学方法,回避对某种现象采用直观模型。皮埃尔·居里的两位同事庞加莱和迪昂(Pierre Duhem)是实证主义的杰出代言人。实证主义的社会变体强调人类进步和教育的重要性,在玛丽·居里的青年时代就吸引了她的注意力。

实验表明射气不具有普通气体的性质,这使得人们不愿接受卢瑟福的理论。射气在毛细管里运动得比预想的更快,似乎没有重量,也不会产生独特的光谱。居里和德比耶纳建议将放射性现象与热学作类比,放射性衰减和恢复就好比物体达到热平衡的过程。在恰当的实证主义形式中,他们既不提出放射性的能量来源,也不提出射线传播的机制。居里认为射气是"放射性物质发出的一种特殊形式的储存在大气和真空中的能量"。受激放射性是放射性能量的另一种表现形式,具有不同的衰变常数(衰变常数为放射性的指数函数中的数字)。居里测量了镭射气的放射性随时间的变化,发现它呈指数衰减,半衰期大约是四天。他得出这样的结论:"目前实验表明能量以一种特定形式储存在气体中,并依据指数规律耗散。"[15]

皮埃尔·居里坚定地与 19 世纪最普遍和最抽象的物理理论热力学联合起来。热力学是关于热量的理论,被很多欧洲大陆物理学家看成是哲学正确的物理理论的代表。它对热量性质的阐释基于实验观测、普适原理和数学分析,并没有使用具体模型或机制。热力学原理可被扩展到所有形式的能量,这使得能量成为物理理论研究的首选对象。居里是物理学家中有重要影响力的少数人之一,认为能量比物质更加真实。他告诉他的同事兼以前的学生朗之万(Paul Langevin)"我看见了能量"。[16]

皮埃尔·居里确定了巴黎放射性研究的基调。玛丽·居里、贝克勒耳和德比耶纳积极地独立创建模型。玛丽·居里曾提出放射性是原子内的重要变化所引起的。然而,当这些研究者与皮埃尔·居里联名发表文章时,他们听从了他的观点。

与实证主义不同,某些19世纪的英国物理学家设计了具体的直观模型来阐释物理现象,例如电现象。当时英国正在经历广泛的工业革命带来的重大变化。物理学家的模型经常受到周围工业机械和其他容易想象的物体的启发。

这种方法在欧洲大陆不太流行。实证主义的支持者认为,用数学工具表达物理思想是更重要的方式,物理模型对欧洲大陆的科学家不太重要,有时甚至不受欢迎。法国和德国科学家对使用未加证明的物理模型心存疑虑,而英国科学家愿意凭直觉进行研究。卢瑟福—索迪团队和居里—德比耶纳团队采用的截然不同的方法明确地展示了这种差异。

这种哲学鸿沟让双方感到困惑。20世纪初期,法国物理学家迪昂读了英国著名物理学家洛奇(Oliver Lodge)写的《现代电学理论》(*Modern Theories of Electricity*)一书。洛奇用滑轮、打气筒、砝码和齿轮作为模型工具来研究电现象。迪昂感到不知所措。他悲伤地说:"我们以为正在进入宁静、整洁有序的理性的寓所,但却发现我们是在工厂里。"[17]

1914年,物理学家莫塞莱(Henry G. J. Moseley)访问了著名的法国化学家于尔班(Georges Urbain)之后评论道:"法国科学家的观点本质上不同于英国科学家,我们在努力寻找模型或相似物体,而他们则满足于发现定律。"卢瑟福评述道:"欧洲大陆的人们……对基于假设阐释物理现象感到满意,并不愿意探索事情的真正起因。"卢瑟福与居里和德比耶纳的辩论迫使他正视这种差异。卢瑟福评论道:"我认为,我必须承认英国科学家的观点更加物理,更加讨人喜欢。"[18]

尽管热力学对热量的解释很成功,但它并不是研究放射性的有效方法,放射性已被证实是原子相关的现象,最适合用具体的物理模型来研究。居里受限于他的科学哲学思想,不仅错过了原子嬗变的发现,而且在几年内还拒绝接受卢瑟福和索迪对放射性的阐释。

居里自己的研究迫使他改变了观点。尽管他使镭的温度从－180℃变到了＋500℃,但镭的放射性并没有改变。化学反应不可能对这么大的温度变化无动于衷。第二年,居里和他的助手拉博德(Albert Laborde)发现,镭样品的温度比它周围环境的温度高几摄氏度。他们对热量进行了测量,发现 1 摩尔镭每小时产生令人惊异的 22 500 卡路里热量! 他们不得不承认这样大量的能量可能来自亚原子嬗变。居里和另一位助手丹内(Jacques Danne)证实,镭射气像普通气体一样可以扩散和凝结。

1903 年 8 月重大发现到来了。直到那时,镭的缺乏严重束缚了对镭射气的研究。那一年,吉塞尔的公司以负担得起的价格开始销售高纯度溴化镭(纯度以重量计 50%)。索迪震惊地发现,伦敦一家商店出售的镭一毫克只要 8 先令,他马上买了 20 毫克镭,开始在拉姆齐的实验室进行镭射气的相关实验。

索迪和拉姆齐第一次尝试分离镭射气失败了,但是光谱测试表明镭产生的气体混合物中出现了氦的谱线。当时卢瑟福恰巧在伦敦。索迪带着他去了售卖便宜镭的商店,卢瑟福买了约 30 毫克镭,然后借给索迪和拉姆齐使用。有了更多样品之后,索迪和拉姆齐得到了几乎所有氦的可见光谱。

索迪和拉姆齐把两份镭样品产生的气体混合在一起。他们没有检测出任何氦,但是过了几天之后,氦的光谱出现了。显然,镭射气正在产生氦!

因为担心样品受到污染,索迪和拉姆齐改进了实验仪器,采取额外措施来净化镭样品放出的气体,即把这些气体密封在玻璃管中。几天之后,玻璃管中出现了氦的光谱线,这毫无疑问地证实了氦的存在。

氦是不同于镭的化学元素,除了密封的玻璃管,它不可能来自其他地方。这个实验生动地揭示了原子嬗变的作用。居里承认,"根据这些结果,氦是镭蜕变的产物之一。"[19]

拉姆齐和索迪克服困难分离出镭射气之后,拉姆齐与他的同事科利(John Norman Collie)一起合作来确定镭射气的光谱。多才多艺的化学家科利曾和瑞利一起致力于惰性气体的研究,并发表了氖的光谱。科利发现,射气的光谱线和任何已知元素的谱线都不能相配。这意味着镭原子嬗变产生的射气是一种新元素。这种新元素与拉姆齐新发现的惰性气体性质相似,后来它被命名为"氡"。

1903年6月,当居里访问伦敦并在英国皇家研究院作演讲时,他给英国化学家及低温专家杜瓦(James Dewar)带来了镭样品。杜瓦液化了镭产生的气体,并证实它是氡。射气和氡都是确定的物质,这表明居里关于射气是一种特定能量形式的假设是不必要的。居里摒弃了对嬗变理论的哲学异议,并将卢瑟福—索迪的原子嬗变理论纳入到他1904—1905年在索邦大学的授课课程中。[20]

反　　响

卢瑟福和索迪的原子嬗变理论轰动一时。1903年,关于放射性的出版物增加了一倍以上,甚至大众媒体都注意到了这一理论。索迪评论道:"我们处在舆论的风口浪尖。"温克勒(Clemens Winkler)是元素锗(为纪念他的祖国德国而命名)的发现者,他写道"镭引起的兴奋现在风靡世界"。英国物理学家拉莫尔(Joseph Larmor)预言,卢瑟福"将会是这段时间的名人,因为报纸都变得具有放射性了"。[21]

当然,这份狂热也在向西方教育界蔓延。这个研究领域是如此成功,以至于两个专业杂志在1904年成立了,一个杂志是皮埃尔·居里以前的学生丹内创立的《镭》(Le Radium),另一个是德国物理学家施塔克(Johannes Stark)创立的《放射性和电子学年刊》(Jahrbuch der

Radioactivität und Elektronik）。同年索迪成为格拉斯哥大学物理化学系的独立讲师，他的任务是创建一个研究生院。伦敦化学学会邀请索迪给《化学进展年度报告》(*Annual Reports on the Progress of Chemistry*)撰写他在 1904—1920 年关于放射性研究的文章。意大利物理学家里吉（Augusto Righi）基于卢瑟福—索迪理论写了一本关于放射性的教科书，日本物理学家长冈半太郎（Hantaro Nagaoka）提出了以蜕变为特征的原子模型。

物理学家彻底接受了卢瑟福—索迪理论，但是多数化学家不是很感兴趣。他们不相信由物理学家的验电器和分光镜所支持的理论。嬗变假说由物理实验结果所支持，这些实验使用的样品数量对化学检测而言太少了。玛丽·居里和其他人测得镭的原子量之后，化学家们才勉强接受它。但是，关于少量的衰变产物像幽灵一样在实验者面前消失的说法，化学家们实在不愿轻信。直到 1914 年，玛丽·居里评论道，怀疑论是由"新化学的不安特性……好像源自魔术幻灯（phantasmagoria）的不可见事物"引起的。[22]

尽管伦敦化学学会起到了促进作用，但很多化学家继续忽视放射性，因为他们认为它是物理学的子领域。他们没有过多关注嬗变理论，因为化学家们"不习惯精致复杂的理论，并且常常反对推测"。化学家们没有想到，这个理论会影响到他们每天的工作。对普通化学家而言，放射性和卢瑟福—索迪理论与其毫不相干。索迪经过深思熟虑说道："这想起来让人难过，在这里，化学家研究领域的最伟大发现，却被化学家们认为没有任何价值，并且他们赞同任何可能的反对它的意见。"[23]

人们对嬗变理论漠不关心的态度和提出替代方案的情况，并不是对新理论的不寻常反应。最不同凡响的是，嬗变理论被如此迅速地接受。尽管索迪有些顾虑，但是反对者无所作为。德国化学家马克瓦尔德（Willy Marckwald）在 1908 年评论道："它的迅速成功在科学史上史无前例。"[24]

嬗变理论很容易被接受的主要原因是，科学家们遇到了越来越多的原子并非不可分的证据。原子可以分裂成称为离子的带电物体。它们包括微小的带电粒子,即电子,电子有时以阴极射线和 β 射线的形式出现。电子参与大气中的电现象和光产生的电效应(光电效应)。它们会引起塞曼效应,并被认为能够产生原子光谱。

对离子和电子不断增长的知识、对化学元素演化的科学推测以及这些元素是由更小单元构成的由来已久的怀疑交织在一起。所有迹象都表明原子非常复杂,这使得下面这种看法是貌似合理的:通过结构的变化,一种原子可以变成另一种原子。

那段时期,到处弥漫着有关炼金术、能量和物质蜕变的异想天开的想法,它们都是实验物理学前沿和尚未出现的科学奇迹投下的暗淡而扭曲的阴影。尽管这些想法使普通民众更容易接受嬗变理论,但不会催生科学理论。

原 子 能 量?

对镭的发热量的第一次测量让研究人员很震惊,他们的反应也扩大到其他社会群体。根据 α 射线的能量,卢瑟福和同事估算了放射性产生的热效应,但是他们的结果比居里和拉博德得到的要低得多。不管 1 摩尔什么东西,能够每小时产生 22 500 卡路里的热量,都像是异想天开,但是报告这个数值的研究人员有着无可挑剔的学术功底。很快,另外几位科学家确认了这个结果。

这个热量与燃烧 1 摩尔氢原子所产生的能量是可比拟的,不像镭似乎无休止地产生热量,氢将在燃烧过程中耗尽。氢燃烧是已知的最强大化学反应。然而,不需要火炉或燃烧,镭能在一小时内把比自己稍重的冰水煮沸!

卢瑟福和索迪计算得到,1 克镭完成所有的变换所释放出的总能量是 1 亿到 100 亿卡路里,原子能量看起来像是太阳能量的来源。

原子发出光和快速运动粒子已经让科学家们相信原子是能量的仓

库。放射性无休止的能量输出提出一个问题,原子能够放出多少能量呢?法国科学家、卢瑟福和索迪估算的原子能量提高了几个数量级。能量存储比预想的大很多,看起来是无限的。这个意外发现招致了一些猜测。原子放出的能量能被人类开发吗?原子能是用来为善还是用来作恶呢?

卢瑟福对人类能否开发利用原子能这一问题的回答是"痴心妄想"。他认为原子能来自被约束在原子内部的粒子运动。当时,所有想开发原子能的尝试都失败了。汤姆孙实验室使用他们的优良设备提供的强大的 X 射线和阴极射线来轰击原子,想使其破裂,但只是白费功夫。在临近生命尽头的时候,卢瑟福认为开发利用原子能太困难了,因此在可预见的未来,这一问题不能被解决。1933 年他评论道:

我们不可能控制原子能使其具有商业价值,我认为人类永远不可能做到这一点。关于嬗变流传着很多荒谬的想法。我们对这件事情的兴趣是纯科学性的,将要进行的实验会帮助我们更好地理解物质结构。[25]

皮埃尔·居里对原子能有不同的判断,认为这个问题终将解决。他担忧地指出,镭如果落到犯罪分子手中,将会非常危险。但是他宁愿更乐观地看待这件事情:"我是那些相信新发现带给人类的将是利大于弊的人中的一员。"[26]

索迪对原子能可能帮助人类感到兴奋。他设想原子能能够"改变荒芜的陆地,融化冰封的地极,把整个世界变成欢快的伊甸园"。[27]后来,他详尽地描述了原子能及其在社会中的作用。索迪在放射性研究的先驱者中是独一无二的,他很快将镭放出的热量和质能转换联系起来,这符合物质的电磁理论。如果镭的一部分质量转化成能量,通过比较镭样品和它的衰变产物之间的重量,就可以给出在嬗变过程中消失的并转化为能量的质量的数值。

爱因斯坦(Albert Einstein)在 1905 年发表了质能等价理论。爱因斯坦采用不同于电磁理论计算质能关系的假设,得出了著名的结果(后来被表示成 $E = mc^2$)。尽管后来质能转变的思想被归功于爱因斯坦,但这个思想本身并不是新的,爱因斯坦的质能理论开始并没有引起关注。两种质能假设公式在 20 世纪 30 年代之前都不可能被检验。

直到 1906 年,尽管多数科学家认为放射性能量来自原子内部,具有放射性的原子从外部能源获取能量仍是有可能的。1902 年,德国人海德魏勒(Adolf Heydweiller)提出了神秘的引力。1903 年,他的同胞盖革尔(Robert Geigel)发表了万有引力对放射性影响的实验结果,但是多数物理学家认为这一结果并不可信。然而,这一想法激起了人们的好奇心。英国物理学家阿瑟·舒斯特爵士(Sir Arthur Schuster)把放射性和 18 世纪的瑞士物理学家、数学家及牧师勒萨热(Georges Louis Lesage)提出的引力理论联系起来。

1906 年,居里夫妇的同事萨尼亚克重新讨论了万有引力对放射性的影响。具有放射性的物质是已知的最重元素,它们有吸收引力能的特殊本领吗?萨尼亚克检验了勒萨热的假说,但是没有发现有意义的结果。其他物理学家得到的也都是否定的结果。放射性起源的争论中,原子能假说取得了胜利。然而原子能对人类的影响和重要性在几十年内不会豁然开朗。

悲　　剧

1906 年 4 月 19 日,皮埃尔·居里像往常一样离开家去工作。他再也没有回来。几个小时之后,他在心不在焉地走上巴黎大街时被马车撞倒,当场死亡。居里的死震惊了整个科学界和很多普通民众,特别是把他当作民族英雄的法国人。玛丽·居里悲痛欲绝。她发现她做不到将皮埃尔·居里的死讯告诉孩子们,甚至在她们成年之后,玛丽也没有提到过。

巴黎大学自然科学学院可能是感觉到忽略了居里夫妇的研究需

求,采取了史无前例的措施,委任玛丽·居里接任皮埃尔·居里的职位。玛丽带着她的化学经验来到实验室,除了放射性的物理特征,她还推进了放射性的化学复杂性的研究。

玛丽·居里尽力控制她的悲伤,她更加痴迷于放射性研究。这份工作好像寄托了她所有的情感与行为。她评判努力的标准是,他们对放射性乃至整个科学界的贡献有多大。居里夫人天生注重细节,渴望事物的完整性,这指引她专注于化学分离的复杂性、射线的组成和研究领域的一些收尾工作。放射性测量的国际标准制定是一项重要但不具有创造性的工作,此项工作占据了她大部分时间和精力。这个富有想象力、热心和兴趣广泛的女孩变成了孤僻、抑郁、有慢性病的妇女,她专注于一个狭隘的领域,避免开创性的研究工作。

然而,居里夫人的兴趣转移不能简单地看成是对她失去爱侣的一种心理反应,而是反映了对放射性研究更广阔的视野,即放射性除了在物理和化学,还应该在工业、医学和测量学等方面起作用。居里夫人希望她的实验室工作不仅对科学研究,而且对镭放射治疗和镭工业都有帮助。该实验室做了大量关于放射性的测量方法和标准化制定的工作,这些工作对应用领域是必不可少的。她与工业界和医学界的合作使各方均受益。

尽管玛丽·居里长期处于悲伤和情绪低落的状态,但这并没有削弱她的聪明才智、社会良知和帮助学生继续进行科学研究的愿望。她以前的学生说道,"注意到她体内正在燃烧的火焰并不困难……那是理想主义和巨大热情的火焰。"[28]她的实验室有很多研究人员,其中一些人对放射性作出了重要贡献,并把他们的知识带到了其他国家。很久以后,居里夫人的学生佩赖(Marguerite Perey)发现了一种新元素。她的女儿伊雷娜后来获得了诺贝尔奖,是居里夫人所有正式和非正式指导的学生中最有成就的。

1920—1931年,居里夫人在一些重要的理论问题方面发表了研究成果,比如康普顿效应、放射性衰变常数、α 和 γ 射线谱的关系。在整个职业生涯中,她一直保持着对放射性起源的好奇心、对新的科学发展的兴趣,以及富有洞察力的推理能力。

1911年,玛丽·居里成为历史上第一位两次获得诺贝尔奖的科学家。瑞典皇家科学院授予居里夫人诺贝尔化学奖,以表彰她"发现钋和镭元素,并分离出镭,研究这个不同寻常的元素的特性及其化合物所作出的贡献"。[29]

有些人认为居里夫人是凭同一项工作获得了两次诺贝尔奖。也许同情的因素影响了诺贝尔奖委员会的决定,因为1911年她重病缠身,并受到公开的丑闻困扰(由于她和物理学家朗之万关系亲密)。然而,居里夫人第一次获得诺贝尔奖是在成功地分离出不同寻常的镭元素之前。从1904年起,她大力推进了钋元素的研究。放射性在应用医学上的重要性也是1911年第二次授予居里夫人诺贝尔奖的主要考虑因素。

更 多 射 线

1900年,法国物理学家及化学家维拉尔(Paul Villard)用镭发出的具有穿透力的射线(β射线)进行实验研究。由于β射线被认为是带负电的粒子流,他预期它们具有与阴极射线相同的行为。但是,维拉尔惊奇地发现,镭发出的穿透性射线在感光底片上阴极射线达不到的位置留下了微弱的痕迹。

维拉尔猜测这些痕迹是由不同于β射线,但比α射线更具穿透力的射线产生的,他决定对这些带电粒子进行确定性的检测。他让镭射线穿过磁场。

磁铁把射线分成两部分。一部分像β射线一样被偏转,另一部分无视磁铁的存在继续直线前进。[30]第二部分射线显然不带有电荷,它穿过25厘米厚的空气、一块铝板和几张纸之后,最终在感光底片上留下痕迹。从居里夫妇那里借来的强大样品发出的射线能穿透装有镭的玻璃容器、纸张和3毫米厚的铅板。α射线不能穿透这些材料。β射线能被磁场偏转。

如果这些强有力的射线既不是 α 射线,也不是 β 射线,它们是什么呢? X 射线是一种可能,维拉尔只能推断出这么多。为了继续延用卢瑟福的命名方式,这些射线被称为 γ 射线,因为 γ 是希腊字母表中 α 和 β 之后紧接着的字母。γ 射线是一种高能 X 射线。

1904 年,δ 射线加入到 γ 射线之后,以希腊字母表中的第四个字母 δ 命名。δ 射线由低速运动的电子组成,它出现在 α 射线发射时,被包括在放射性家族中约 10 年时间。后来证实它们是 α 射线从周围物质中敲出的电子,是一种次级辐射,而不是来自放射性物质本身的真正的自发辐射。

α 粒 子

不像 β 射线,α 射线能被一张纸或薄的空气层阻挡。研究人员首先假定这些穿透性较弱的 α 射线不太重要,只不过是强有力的 β 射线引起的次级辐射。索迪推断出并由麦吉尔大学的学生格里尔(A. G. Grier)证实了铀和钍只发出 α 射线之后,这个假定的理论便土崩瓦解了。直到衰变链的末端,β 射线才会出现,因此 β 射线不能激发 α 射线。相反,α 射线启动了整个衰变序列。卢瑟福发现 α 射线是由重的带电粒子组成之后,他接受了这个方案。

如果 α 粒子与原子大小相同的话,它是什么元素呢? 氦是最可能的候选对象,因为放射性矿石中经常含有氦。索迪和拉姆齐发现镭蜕变时放出氦气后,卢瑟福猜测氦气是由 α 粒子积聚而成的。为了证实这一点,他需要测量 α 粒子的质量,并与氦原子量作比较。偏转实验能够给出 α 粒子的电荷与质量的比值。如果卢瑟福能够测出 α 粒子的电荷,就能用偏转实验给出的荷质比计算出 α 粒子的质量。

卢瑟福首先得到了镭发射的 α 粒子每秒钟携带的总电荷。为了得到单个粒子的电荷数,要用总电荷数除以镭样品每秒钟发射出的 α

粒子数。对这些 α 粒子计数是一项艰巨的任务。

一种可能的计数方法是，使 α 粒子撞击硫化锌屏幕，对产生的闪烁次数进行计数。但是很难处理的问题是，不能确保每个粒子都在屏幕上留下痕迹以及每个粒子只引起单次闪烁。

卢瑟福决定采用成功应用过的电学方法测量容器中 α 粒子产生的电离作用，这种方法能够间接计数 α 粒子的数目。遗憾的是，电离作用太弱导致测量结果飘忽不定。

1907 年，卢瑟福离开麦吉尔大学，在英国曼彻斯特大学找到了职位。阿瑟·舒斯特爵士是有独立收入的英国著名物理学家，为了让卢瑟福回到英国科学活动的中心，他让出了在曼彻斯特大学的职位。卢瑟福到了曼彻斯特大学之后，雇用了实验室的德国研究人员盖革（Hans Geiger），以开发一种能够把 α 粒子产生的电离作用放大到可以持续准确测量的装置。

α 粒子通过与具有足够动量的原子和分子碰撞，敲击出电子来实现空气的电离。释放出的电子会产生电流，卢瑟福一直在尝试将其测量出来。为了放大电流，卢瑟福和盖革采用了卢瑟福在剑桥大学的朋友汤森（John S. Townsend）发现的原理。汤森意识到，适当施加电压会加速电离作用产生的电子，这些电子和其他原子发生碰撞，会敲击出更多电子。最终，一连串的电子到达测量仪器，引起指针运动，从而实验者可以记录电流。

卢瑟福和盖革设计了后来被称为电离箱的仪器，由汤森的助手柯克比（P. J. Kirkby）进一步发展完善。电离箱是带窗口的黄铜圆筒。当 α 粒子通过窗口穿过电离箱时，纵贯电离箱中心的金属丝聚集了敲出的电子，并将电子传输到计数设备。这样设计的电离箱使得每个 α 粒子只产生单次的电子爆发，仪器记录的电子爆发次数就是 α 粒子的数目。

这个想法很简单，但是实验操作具有挑战性。盖革必须得调整计数器的气压和电压，并设置好电离箱，使得每个 α 粒子精确地电离一个分子。放出的电子要穿过测量仪器,使得它们被记录下来,静电计指针在每次测量电流之后需要迅速重置回零,为下次测量做好准备。如果出现电火花,实验就毁掉了。因为电火花会电离空气,这时电流比产生电火花前更容易转移,这种情况下任何测量都没有意义。电火花也会干扰静电计指针在两次测量间的重置。

多次试验之后,盖革成功了。他可以测定出镭样品每秒钟发射出的 α 粒子数了。盖革和卢瑟福随后计算了每个 α 粒子携带的电荷和质量。这些结果与卢瑟福的假设相符合,即 α 粒子是氦原子,携带的电荷是 β 粒子的两倍,二者电荷符号相反。

这种相符并不能证实 α 粒子是氦原子,因为其他物质可能具有与氦原子相同的质量和电荷。为了确定 α 粒子的化学性质,卢瑟福要测量出它们的光谱。卢瑟福让实验室的研究人员罗伊兹(Thomas Royds)负责收集 α 粒子,这些 α 粒子是由放在一个特殊设计的玻璃管中的镭射气释放出的。鲍姆巴赫(Otto Baumbach)是卢瑟福实验室中吹玻璃的人,技术精湛,他能把玻璃吹得足够薄,使得 α 粒子能够穿透玻璃,同时玻璃又足够坚固,以经得住空气压力。对另一个玻璃管中收集的 α 粒子的检验展现了氦的光谱。α 粒子是带正电的氦原子。

卢瑟福认为放射性原子中本就存在 α 粒子。当原子的某种不稳定性引起内部爆发,α 粒子从原子中飞出。由于 α 粒子是氦原子,氦一定是放射性元素的组成部分。卢瑟福推测,氦也可能是其他元素的组成部分。

1908 年,卢瑟福获得了诺贝尔化学奖,以表彰他对"元素蜕变以及放射化学的研究"所作出的突出贡献。他写信给德国化学家哈恩(Otto Hahn)称,"我变成了化学家让我大吃一惊。"根据诺贝尔奖的精神,他把获奖演讲命名为"放射性物质放出的 α 粒子的化学性质"。他幽默风趣地对聚集在斯德哥尔摩参加诺贝尔奖颁奖典礼的观众说,在他面临的所有转变中,最快的一次是"我摇身一变从物理学家变成了化学家"。[31]

第四章

放射性的地球

我认为开尔文勋爵(Lord Kelvin)低估了地球的年龄,**如果没有发现新的热量来源的话。**

——卢瑟福

穿透能力极高的放射线由上而下穿透我们的大气层,这一假说很好地解释了这些观察结果。

——赫斯(Victor F. Hess),1912 年

探 矿 者

发现新元素绝对是一举成名的有力途径。居里夫妇和施密特的声明使得满怀希望的效仿者们为发现放射性物质满世界奔波。或许钋和镭只是开了发现新元素的先河。即便它们是独一无二的,发现更多放射性物质的来源仍然可能有利可图。所需的装备十分简单——一台普通的箔片验电器就足够了。

自富兰克林(Benjamin Franklin)时代起,科学家们就知道空气具

有微弱的导电性。但是为什么呢？这个问题困扰了埃尔斯特和盖特尔几十年。在 19 世纪，气象学是非常热门的研究课题，而空气的导电性则是其中的重大难题。埃尔斯特和盖特尔在多个地点收集了一年内不同季节里和某天的不同时间的空气导电性的大量数据，试图得到相关的模型，这些模型能够引导他们发现大气电的来源并且更好地了解天气。他们开发了一种便携式验电器用于研究。

19 世纪晚期提出的新电传导理论指出了大气是如何带电的，但是并没有解释为什么。电由辐射通过电离化过程打断分子而形成的粒子（离子）携带。贝克勒耳射线能够导致空气电离，使大气层带电么？

埃尔斯特和盖特尔打算通过匹配空气电离的变化与不同的放射性元素产生的特征电离模式，回答这一问题。很快就有许多研究者追随他们的脚步，寻遍了土壤、空气和海洋以找到放射性物质。放射性物质原来无处不在——泉、井、岩石、泥土、海洋、雨、雪，甚至火山里都有。探矿者发现的只有钍、镭和这些元素产生的放射性气体，而非新的元素。科学家们吃惊地发现，这些稀有的物质分布范围十分广泛。难怪空气中会充满离子。埃尔斯特和盖特尔认为放射性引起了大量的大气电离，大多数其他科学家都同意这一说法。

如果是地球上的放射性物质产生了大气电，那么起电应在地面最强烈并且随高度升高而减弱。1910 年武尔夫（Father Theodor Wulf）在巴黎的埃菲尔铁塔比较了塔顶端和塔底端的验电器测量结果，塔顶端的空气电离程度较地面的低，但比预测值高。难道是放射性材料之外的物质带来了空气中的离子吗？

热气球可以带着科学家到达比任何塔都高的地方。一些研究人员乘坐热气球来测量空气的电离：包括瑞士的戈克尔（Albert Gockel），德国的库尔茨（Karl Kurz）和贝格维茨（Karl Bergwitz），奥地利的赫斯。高度上升过程中，电离程度首先同预期一样降低，但是随着热气球升高开始保持稳定，有时甚至会增加。戈克尔和赫斯怀疑一些未知的辐射源造成了这些奇怪的结果。

为了跟踪这些异常现象,赫斯在 1912 年进行了 7 次热气球飞行。他的验电器的读数在热气球上升初期下降,但是在热气球上升至 1000—2000 米(0.6—1.2 英里)后开始升高;起初缓慢升高,但是当热气球上升至 4500—5200 米(2.7—3.1 英里)后显著升高。其他科学家证实了这些结果。

所以很显然,在接近地面时,放射性物质是导致空气电离的主要原因,但是随着海拔升高,别的东西变得更为重要。这种神秘的电离辐射被赫斯称为"高空辐射",随即又被命名为"宇宙线",加入到物理学家的不可见射线花名册中,并吸引了进一步的调查研究。[1] 同放射性一样,宇宙线的研究最终并入了核物理和粒子物理领域。

地球的年龄有多大?

放射现象改变了长期以来关于地球年龄的辩论。早期的观点是基于《圣经》的书面解读,认为地球不过几千年的历史;18 世纪和 19 世纪时,古生物学和地质学的发现使得关于地球年龄的估计扩展到了几千万甚至上亿年。达尔文和其他人宣称生物进化同样需要相当长的时间跨度。

但是如果地球如此之老,为什么在此期间它没有冷却到一个相当低的温度?大部分 19 世纪的科学家相信地球从一开始是一个热体。如果地球的历史超过几千年,它的大部分热量都会辐射掉;但是,火山揭示了地球内部储存着大量的热量。热力学原理被认为包含了物理学最基础的理论,却无法解释为什么这些热量如此显著。

英国物理学家威廉·汤姆森(William Thomson,后来被授予"开尔文勋爵")在 19 世纪处理过这些问题。假设地球最初是热的,他用传热理论估算地球的冷却速度,从而计算它的年龄。开尔文在 19 世纪 60 年代第一次估算的一亿年很难与地质学达成一致;而他在 1897 年估算的 2400 万年则是不可能的。

至于地球的未来,前景惨淡。除非有一些未知的热量来源被发现以补充地球的热量,否则地球会变得太冷,不适合生存;更糟糕的是,整个宇宙也可能渐渐地停止运转,失去可用能源,湮没在所谓的宇宙热寂中。只有外部能源能延长地球的寿命并且拯救宇宙的未来。这似乎是一个徒然的希望。

仅仅几年的时间,这种晦暗的画面就发生了改变,放射性成为了开尔文所说的未知能源,为古老的地球提供了缺失的热量。皮埃尔·居里和拉博德表明镭释放出大量的热,并且其能量完全没有停止的迹象。由于地壳中布满了镭和其他放射性物质,关于地球的年龄和未来的前景,原来的预测都不靠谱了。

为了得到地球年龄的确切答案,研究者们转向了放射性岩石。通过实验室测量了解到某种放射性元素的衰变速度有多快,他们可以预测出放射性元素有多少残留在岩石中,在任何一段时间间隔中能产生多少衰变产物。测量一种放射性元素以及衰变产物在岩石中的量后,科学家们能够推断出这种转变过程发生了多久,即岩石的年龄。这种技术——**放射性鉴年法**,随后也被用于估算化石及其他古文物的年龄。

氦被发现存在于放射性矿石中,同时实验证明了镭能够生成氦,因此在最初对放射性鉴年法的尝试中常选择氦元素。1905 年,英国物理学家斯特拉特测定了一组镭盐的年龄是 20 亿年,令人难以置信;卢瑟福在 1906 年估算了他所测量的矿石年龄至少是 4 亿年。由于氦随着时间推移会从岩石中释放出来,这一特征使测算的精确度有一定的局限性。

1907 年,博尔特伍德(Bertram B. Boltwood)指出,铅是铀蜕变的最终产物。几位科学家分析并对比了岩石中铀和铅的含量,这些数据能够帮助他们估算岩石年龄。不同于气态的氦,铅更有可能无限期留存在岩石中,这种估算结果更为可靠。一个样本的年龄居然高达 16 亿年! 接下来的 10 年中,研究人员继续解决放射性元素的衰变链问题,从而能够对岩石里的这些放射性元素以及它们的衰变产物的含量进行比较。

早期的实验发现,可以利用放射性给玻璃、宝石和矿物晶体染色;起作用的实际上是 α 粒子。很多矿物含有少量的放射性元素,这些元素能够释放出 α 粒子,它们通过的路径就成了彩色区域。由于射线朝各个方向发射,彩色区域是球形的,球形的半径等于创造它的 α 粒子的射程。这些矿物的横截面产生了圆形的"晕"。

研究人员试图通过晕来确定矿物的年龄,但并没有得到准确的结果。然而,测量获得一个重要发现:由古代矿物的晕确定的 α 粒子的射程和通过其他方法得到的当前值相同。研究人员已经知道,物质的放射性在他们研究的这几年里并不会改变。既然 α 粒子的射程与释放它们的物质的衰变率和半衰期有关,矿物晕的测量结果就表明,放射性亘古不变。显而易见,放射性衰变常数和半衰期是放射性物质的固有特征。

物质的新特性?

到那时为止,只在重元素中发现了放射性,但是没有人知道为什么。一些科学家怀疑放射性是否像磁性一样,属于物质的基本属性。如果是,那么所有的元素都应该具有放射性,就像所有元素都会对磁场作出反应一样。也许所有元素的原子都能衰变,但是只有少数元素释放出的辐射能够强到被检测出。1903 年,所谓的"无射线"变化的发现也支持了这些推测,这种变化能够从衰变产物中反推出来,却不伴有射线的发射。

舒斯特和汤姆孙首先提出,放射性是物质的普遍特性这一见解同目前的电学理论和原子假说相一致,当时人们普遍认为原子中包含运动的带电粒子。根据麦克斯韦的电磁理论,运动的带电粒子能够在速度和运动方向变化时发出辐射。一些物理学家认为这意味着所有的原子都有轻度的放射性。勒邦以他所有物质都在蜕变的信念为基础,把这些想法通俗化为一个模糊且富有想象力的版本。

当 α 射线被证实是粒子而非辐射后，放射性遍及所有物质的假说并没有失去吸引力。当卢瑟福发现 α 粒子的运动速度低于某个最小速度时就不能检测到 α 粒子之后，他提出无射线变化实际上释放出了低速运动的 α 粒子。大量的"普通"物质可能通过 α 发射而缓慢地衰变，但是这并不为我们所见。

1906 年，物理学家坎贝尔（Norman Campbell）和伍德（Albert B. Wood）声称，钾和铷这两种与铀、镭、钍等大不相同的金属具有弱放射性。实验排除了来自微量杂质（如镭、铀元素）或者其他外部因素（如光）的影响。钾和铷的弱放射性似乎可以确定了，但是没有人发现证据来证明普遍放射性的假说能够扩展到元素周期表的剩余部分。

放射性元素的痕迹分布得如此广泛，想要探测的效应又是如此微弱，于是证明所有元素都具有放射性看似是不可能的。大多数科学家把这点儿希望撒在一边，因为他们既没有办法完全去除杂质，又没办法记录不可探测的 α 辐射。尽管普遍放射性的假说充满了吸引力，但并没有被证据证明，到 1913 年它失去了人们广泛的支持。无论放射性的本质到底是什么，它很可能不是物质的普遍特性。

第五章

推测

原子的转变率似乎纯粹地取决于概率论……

——卢瑟福,1913 年

……概率论的实质在于人们对其一无所知!

——索迪,1953 年

早 期 理 论

到20世纪初为止,科学家就已经把放射性的神秘来源确定为原子,然而原子内部本身就是一个谜。许多人假定它包含负电粒子,这种粒子同时出现在 β 射线、阴极射线、次级辐射、塞曼效应和光电效应中。由于原子在一般情况下不带电,科学家认为它们必定具有某种可以中和负电的正电来源。

许多研究者认为负电粒子在原子内部快速移动。这个假设能够解释 β 粒子是如何获得能量的。几个科学家设计了一些包含快速移动的带电粒子的原子模型。根据麦克斯韦理论,原子内部的带电粒子应辐射能量，正如已知的放射性元素那样。

用麦克斯韦的辐射理论来解释放射性将导致一个问题。如果原子通过放射不断地失去能量，它们将坍缩或者爆炸。可是大部分原子是稳定的。一个突破两难境地的方法就是猜想原子不会蜕变，除非它们的组成部分达到某种不稳定的组态。埃尔斯特和盖特尔首次提出原子内部组成部分的不稳定的重新排列会引起放射现象，然而他们那时仅仅认为这是一个像电离一样的表层的过程。

在英国，奥利弗·洛奇爵士和汤姆孙都提出，发出辐射的粒子（汤姆孙的微粒）可能会使原子内部发生紊乱，使原子不稳定。汤姆孙认为，一个原子在微粒速度降到临界值以下的时候会变得不稳定，就如旋转的陀螺慢下来的时候开始变得不稳定。一个不稳定的原子可能会爆炸和喷射粒子，甚至会分解成两个或者更多部分。

卢瑟福成为这个理论的拥护者，把放射现象建立在电子逐渐损耗能量引起的原子内部变化之上。如果这个理论是正确的，老一点的原子将比新形成的原子更有可能蜕变，因为老原子已经花费了更多的时间来失去能量。但是没有什么因素，包括年龄，看上去会影响放射性。卢瑟福本人也发现了衰变的指数规律，这一点意味着原子蜕变的概率跟它以前的历史无关。

受挫于这一窘境的卢瑟福在 1912 年承认，"很难对原子的最终蜕变提供任何说明"。他蹩脚地提出，同种物质的原子诞生时或许具有不同程度的稳定性。[1]

放射性与概率

由于放射性抵制住了一切试图影响它的努力，许多人怀疑它是一个随机的过程，由随机定律控制。数学分析支持这些想法。索迪和卢瑟福用于放射性衰变的指数函数本就用来描绘随机行为。索迪明确指出了这个联系。在德国，物理学家博泽（Emil Bose）在 1904 年详尽地论述了放射性衰变常数表征原子衰变的概率。

这并不意味着科学家们相信放射性不遵守物理定律。他们把概率论作为一种描述性的不可知论,即仅仅描述现象,却不提出任何解释。几乎所有科学家都认为放射性遵循基本的物理原理,但是也意识到他们受到不完备的知识的限制,只能预言大量原子的平均行为,而不是单个原子的行为。

放射性衰变的曲线明显地类似于气体中分子的能量概率关系,即麦克斯韦—玻尔兹曼分布律。这个定律是以麦克斯韦和奥地利数理物理学家玻尔兹曼(Ludwig Boltzmann)的姓氏命名的(图5.1)。在他形成电磁理论之前,麦克斯韦就分析过气体分子的运动,研究结果被称作**气体动理论**(kinetic theory of gases),以一个意为"移动"的希腊单词命名。

根据气体动理论,可以在数学上将气体分子的运动描述为随机事件。19世纪的科学家大多认为单个粒子遵循已知的物理定律,但是由于粒子太小而不能被观察到,只有它们的平均行为可以被预见。玻尔兹曼扩展了麦克斯韦关于气体动理论的理论工作。

玻尔兹曼是个聪明热情的理论物理学家。他支持原子是真实存在

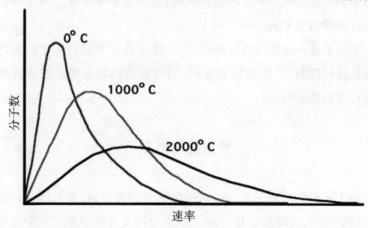

图5.1 三个温度下的麦克斯韦—玻尔兹曼分布曲线。Copyright ©
1998,圣路易斯的华盛顿大学。经许可转载。

的这一观点,这与许多欧洲大陆物理学家相反,他们认为原子只是一个实用的想象,其存在还没有被证实。玻尔兹曼在维也纳依据自己和麦克斯韦的理论发展出一个牢固的物理学传统。他的同事埃克斯纳(Franz Exner),一位实验物理学家和维也纳物理研究所的主任,非常英明地倾向于把这些理论的原理不但应用于物理,而且应用于人文、经济和文化的其他方面。

玻尔兹曼和埃克斯纳在他们各自的领域是受人尊敬和爱戴的学术领袖。他们关于概率和随机性的工作在物理学里种下了疑问的种子,而物理学本来假定宇宙是完全可以预见的。他们在维也纳大学指导了新一代的物理学家,包括未来的获奖者和其他在该领域有声望的领军人物。

在世纪之交,维也纳是一个令人激动的知识和文化中心,人们在咖啡馆里讨论哲学、物理学和政治学。弗洛伊德(Sigmund Freud)在那里发展了他的心理学理论,艺术家像克里姆特(Gustav Klimt)和席勒(Egon Schiele)尝试用一种新的方式描绘城市的情感骚动。维也纳融合了不同民族和风俗,也聚集了意气相投的社会主义、女权主义和其他进步思想的支持者。

尽管拥有成功,并身处令人兴奋的智力环境,但玻尔兹曼被抑郁的魔咒所折磨,他愈加感到孤独,并且感觉在学术上四面楚歌。可悲的是,1906年,玻尔兹曼自杀了。不久之后,布朗运动(微观粒子的随机运动)和放射性实验证实了他的原子是真实存在的信念。玻尔兹曼的学生和同事继续他的研究。其中一位是施魏德勒,他早先发现了 β 射线能被磁场偏转。1905年,他把维也纳的数学遗产用于放射性理论。

如果放射性是一个随机过程,单个原子不会按照可预测的序列衰变,相反,它们在广泛分布的不同的时间间隔分裂衰变。施魏德勒发展了一个公式预测这些称为"涨落"的时间间隔的变化,通过记录放射性样品发出的射线进入他们的测量设备的时间,实验者可以得到涨落。接下来的几年里,加拿大、奥地利、德国、瑞典、英国的研究者都观测到了"施魏德勒涨落",从而证实放射性是个遵循概率论的随机过程。

1910 年,贝特曼(Harry Bateman)在剑桥把施魏德勒理论应用于 α 粒子。卢瑟福、盖革、马斯登(Ernest Marsden)、巴勒特(T. Barratt)和玛丽·居里等人通过记录 α 粒子击打磷光屏时产生的闪光来检验贝特曼的工作。闪烁随机产生,这与理论相匹配。磷光屏(开始是用硫化锌制造,可指示 α 粒子,稍后用氰亚铂酸钡制造,以探测 β 粒子)成为放射性研究最基本的工具之一。

回溯一下,施魏德勒的分析被看作是物理学的转折点,因为随机性最终成为现代理论的核心原则。但在那时,施魏德勒理论的证实仅仅加深了放射性的神秘。科学家们本可以违背常识,而且作出决定:因果法则不会在放射性原子内部运转。更为合理的是,大部分人更喜欢这一观点:起因是存在的但不易察觉到。他们想为爆炸的原子找到一种合理的解释。索迪评论说,随机性使"构建任何衰变模型都变得困难"。[2] 如果没有任何方法来预测一个特定的原子在何时衰变,那么有谁能为放射现象构建一个模型?

原子的动理论模型

在这样的情形下构建模型的一个方法就是细节上模糊。基于大量运动粒子的平均行为而不是个体行为,动理论刚好符合要求。在 1904 年,索迪提出原子内部一定有像气体分子一样运动的部分,这为放射现象的动理论模型开启了一扇门。他设想原子内部的"部件偶然的排列"会导致原子衰变。[3] 几个科学家利用这一想法发展了基于热学和气体动理论的放射性理论。这些模型假定衰变过程遵循物理定律,不过在此之前更要遵循随机过程。

在动理论中,温度是测量气体分子所携带能量的标尺。麦吉尔大学的物理学家哈罗德·A·威尔逊(Harold A. Wilson)曾在剑桥的汤姆孙实验室工作过,他于 1912 年提出了温度在原子内部的类比概念——

原子温度。原子温度并不代表气体分子所携带的能量,而将衡量原子内部 α 粒子的能量。原子衰变率将取决于原子的温度:能量越高,原子衰变的概率越大。德国物理学家维德曼也针对荧光发展了类似的观点。原子温度的观点非常符合那个时代几乎被敬若神明的热力学理论,使(实证主义的)代言人庞加莱也觉得它有说服力。

威尔逊想努力阐明这个令人迷惑的数学关系,这个关系是 1911 年盖革和纳托尔(John M. Nuttall)在曼彻斯特的卢瑟福实验室提出来的。盖革和纳托尔证明,物质衰变速度越快,α 粒子就跑得越远。为了描绘这个关系,他们提出了一个名为"盖革—纳托尔法则"的方程。这个法则使所有的研究者着迷,他们怀疑这个法则是解开神秘的衰变进程之谜的关键。玛丽·居里认为它是"第一个已经被发现的原子动理学的法则";德比耶纳把它叫做"原子内部动理学与热力学的第一个关系式"。[4] 他们的直觉在很久之后——一个新的叫做**波动力学**的理论解释了这个规则后——被证实是正确的。

1912 年,德比耶纳提出原子包含其行为类似于气体分子的不可区分粒子。它们的随机运动可以在原子中产生无数种情况,其中有一些会引起爆炸。这些粒子位于原子核的深处,可免受外界力量的干扰。

德比耶纳把原子比作一颗具有大气层和核心的行星。大气层可以产生被外界所影响的现象,比如化学反应和电子的活动,而核心则可以产生不被外界所影响的放射现象。核心会一直处于隐藏状态,直到它发生剧烈的、火山似的爆发。德比耶纳的推测所描画的原子的图像还很粗略,将需要数十年的时间才完全成形。

不同于随机运动的粒子气体,柏林理论物理学家林德曼(Friedrich Lindemann)设想了一种由旋转粒子构成的核心或者原子核。当粒子达到某种尚未明确的临界结构时,这个原子就会衰变。不同于之前的理论家,林德曼在他假设的原子核中引入了**量子**(具有一定量的取决于频率的能量)。

在仔细审查了德比耶纳的理论后,玛丽·居里提出了一种偶然性原子结构的变体,这里面有一个卓越的概念更新。她提出,或许放射性原子就像一个开了小口的盒子,小口可以让单个粒子逸出。在大量的盒子中,逸出(衰变)会遵循随机定律,尽管在这背后的过程还是很简单的。[5] 居里夫人的推测是 1928 年用波动力学解释 α 粒子衰变的先兆。根据这个理论,在放射性原子内部移动的 α 粒子偶尔到达原子表面的时候,就可以逃离,即便它们没有携带许多能量。这个过程是随机性的,就好比原子是个有洞的盒子。

尽管富有想象力和暗示,但没有什么方法可以检验这些早期的模型。放射性起因仍然像以往一样神秘。与此同时,化学家们已经从放射性元素和它们的衰变序列的一团乱麻中,开辟了另外一条了解原子的路线。

第六章

放射性与化学

好像化学必须考虑这种情形,与元素周期律的原则恰恰相反,具有不同原子量的元素,却有完全相同的化学特性。

——索迪,1911 年

放射化学的产生

因为涉及射线的研究,放射性一开始被认为是物理学的一个分支。已确立的学科范围不能涵盖这个迅速发展的领域,这一领域在研究过程中既需要物理也需要化学。根据手头的任务,研究者们扮演了物理学家或者化学家的角色。

分离新的放射性物质和判定其化学性质的艰苦工作需要化学家的专业知识。一位叫贝蒙的化学家参与了镭元素的发现研究。居里夫妇把化学家德比耶纳拉入了他们的研究队伍,但是他后来获得了物理学博士学位。在物理方面受过训练的居里夫人,选择了自己完成许多必要的化学分离任务。这一工作使她对放射性物质的化学反应产生了终生的兴趣。

卢瑟福很快意识到了化学的价值。他不是亲自去研究一些细节，而是依靠化学家索迪。除了高超的专业技能，索迪对化学的深入理解使他一眼就识别出了原子嬗变。

尽管化学对于这个新的领域极其重要，很多化学家还是回避了对这一领域的研究。他们对物理学家的方法感到陌生，甚至很不舒服。化学家靠原子量来识别元素，但是对于一些稍纵即逝的微量物质来说，要想得到它们的原子量是不可能的。一些人怀疑研究者们是否真的发现了新元素。根据这个观点，他们很可能发现了少量的已知元素而且误解了他们的结果。物理学家的电气技术好像正在创造"一门研究幽灵的化学"。[1]如果放射性包括化学，那么与大多数化学家所实践的相比，这将是一个不同的种类。

那种新的化学就是"放射化学"，一个穿越传统界限的领域。起初，它的新奇性可能是希望爬升学术阶梯的有抱负的放射化学家的一种障碍。从逻辑上讲，这个非传统的专业可归入物理化学领域。索迪的学术声望和人脉使他成为了格拉斯哥大学这一领域新设职位的理想人选。耶鲁大学在1910年首次为放射化学专业设立了教席，并聘用博尔特伍德为第一任讲席教授。

放射化学家是个独立群体，他们追求被大多数同行忽略的一个主题。他们当中的许多人来自德语区，例如柏林、慕尼黑、维也纳等，因为德国引领着全世界的化学研究、教育和工业。他们选对了时机，成功也属于他们。到20世纪20年代，放射化学已经成为有许多人参与的受人尊重的领域。

放射性家谱

随着科学家识别出越来越多的放射性衰变产物，这些东西被统称为"放射性元素"而为人所知。科学家为了努力理解数目不断增长的放射性元素，把它们分成不同的家族，并找到它们在放射性家谱（即

"衰变系")中的位置。研究者为了识别不同的世代采用了一种系统，这个系统使观察不同衰变系的相似性变得比较容易。母元素（镭、铀、钍、锕）名字的后面跟着一个字，或者一个能表示在这个衰变系中每个放射性元素所在位置的字母。在 1904 年，卢瑟福提出了这个方案：[2]

镭→镭射气→镭 A→镭 B→ 镭 C→镭 D→其他产物

钍→钍 X→钍射气→钍 A→钍 B→钍 C→最终产物

铀→铀 X→最终产物

锕→锕 X（？）→锕射气→锕 A→锕 B→锕 C（最终产物）

随着研究者不断把新的衰变产物加入这些系列，序列变得越来越复杂，但是总体的命名方式维持了下来。

尽管卢瑟福把镭和铀放在了不同的家族，他和索迪却怀疑镭是从铀中衍生的，因为只有铀矿含有镭。1904 年，博尔特伍德测量了不同的铀矿中铀和镭的含量。每种矿物含有的镭与铀的比例是不变的，这支持了这些元素属于同一家族的观点。索迪和博尔特伍德两人都证明了镭不是直接来源于铀，而是来源于某种不为人所知的铀衰变物。几年以后博尔特伍德发现了这种元素，并将其命名为"锾"。柏林化学家马克瓦尔德（他以前曾发现一种新元素，结果是钋）和他的学生克特曼（Bruno Keetman）也独立地作出了同样的发现。现在可将铀和镭衰变序列合并起来了，即

铀→铀 X→锾→镭→［镭的所有衰变产物］

不可称量之物的化学

面对衰变太快而不能用化学分析或分光镜检测的微量物质，研究者的应对措施是开发新的技术。对付"不可称量之物的化学"[3]的其中一个技术就是电解，在电解中，实验者用两根电线连接电压源向溶液传送电流。电线的末端连接到平板或棒上作为电极，如果把电极放进金

属盐溶液中,金属将会沉积到电极上,这个过程就是我们知道的电镀。选择了正确的物质,即使没有外接电压,金属也会沉积到浸在溶液中的平板或棒上。

不同的金属会以不同的速度沉积到电极上,速度的快慢取决于用什么金属作电极。这样的电化学实验结果为化学家分析未知物质提供了工具,而且对放射性材料也奏效。靠着观察放射性衰变产物沉积到不同金属上的难易程度,化学家就可弄清楚放射性物质最像哪种元素。电化学方法的先驱们包括多恩、马克瓦尔德、吉塞尔、匈牙利裔化学家冯·莱尔希(Friedrich von Lerch)和哥伦比亚大学物理学家佩格勒姆(George B. Pegram)。

另外一种分离放射性元素混合物的方法就是首先分离最难分离的产物的母元素。随着母元素的衰变,它会产生所需元素。因为不同物质会在不同的温度下蒸发或凝结,所以靠着加热混合物,实验者也能分离放射性元素。

还有一种分离方法利用了叫做**动量守恒**的物理原理。当原子发出α粒子或β粒子时,原子就会以大小相等、方向相反的动量反冲。汤姆孙在1901年预言了这一过程,但是直到1904年,卢瑟福的学生布鲁克斯用一根暴露于镭射气(氡)中的电线做实验时,才观察到这一过程。然而许多年来,没有人意识到可以利用反冲作为分析工具。

哈恩在1909年用锕做实验时,重新发现了原子反冲。卢瑟福在曼彻斯特大学的同事拉斯(Sidney Russ)和马科尔(Walter Makower)证实,在α和β的衰变过程中都会产生反冲。研究者利用反冲在衰变链中分离放射性物质,通过这种方法发现了新的衰变产物。

科学家用放射性元素释放的射线和衰变率来描述它的特征,这些都是物理性质。为了判定放射性元素的化学性质,除了电解作用,研究者还利用了其他几种技术。在标准化学分析中,研究者把放射性元素的溶液和已知元素的溶液(有时称为"载体")相混合。然后,研究者又把能和已知物质反应的化学物质加入溶液中,以形成不能溶解的固体

（或沉淀物）。

实验者检验沉淀物和溶液的放射性。如果沉淀物具有放射性，这就证明放射性元素就像已知元素一样发生了反应，而且化学性质也和已知元素相似。如果放射性元素留在溶液中，说明它没有发生反应，因此它的化学性质也就不同于已知物质。接着，实验者会尝试用不同的化学物质使之沉淀。

一旦被检测的放射性元素沉淀，化学家会用其他的化学物质使它和载体分离。反复利用这个过程，有时也利用其他方法，研究者能够提纯这种未知物质，而且用它做进一步的试验。

这种方法的一个变种是利用结晶来判断放射性元素是否在化学上和已知元素有联系。实验者把两种物质同时放入溶液中，等待溶液结晶。如果放射性元素像已知元素，它就会变成晶体结构的一部分。

不可分离的放射性元素

有了化学分离方法，化学家们随即又遇到了新问题。一些物质不能从载体中移开。随着这种情形越来越多，放射化学越来越让人困惑。

首先，是放射性铅。大约在 1900 年，一些观察者发现从铀矿中提取的铅具有放射性。慕尼黑的霍夫曼（Karl Andreas Hofmann）和施特劳斯（Eduard Strauss）认为他们发现了一种新的放射性元素，然而吉塞尔认为铅的放射性是由微量的镭导致的。因为从不含铀或镭的矿物中提取的铅并没有放射性。一些科学家否定了铅中有新元素的想法。

关于放射性铅的争论吸引了许多实验者。其中包括德比耶纳，匈牙利化学家西拉德（Béla Szilard），居里夫人在巴黎的学生埃尔什芬克尔（H. Herchfinkel），维也纳的迈尔、施魏德勒、韦尔夫尔（V. Wolfl），德国的埃尔斯特和盖特尔，剑桥的坎贝尔和伍德，亚拉巴马州的劳埃德（Steward J. Lloyd）。实验证明在铅中的放射性物质既不是铀也不是镭。它好像是一种镭的衰变产物，也许是镭 D；但是没有人能把它从铅中分离出来。

1912 年，卢瑟福告诉他的一个新学生，一名来自匈牙利的化学家，"如果你称职的话，你就把镭 D 从令人讨厌的铅中分离出来。"[4] 海韦西 [György（Georg）von Hevesy] 带着初生牛犊的信心来攻克这个难题，但经过两年的尝试之后，没有什么结果，他不得不承认失败。

放射性钍是另外一个问题。1904 年，当埃尔斯特和盖特尔在德国南部的巴登－巴登调查温泉的时候，发现了散发钍射气的放射性物质。第二年，哈恩在伦敦拉姆齐的实验室做研究的时候，作出了相似的发现。奇怪的是，他不能从钍中分离这种不知名的物质（他把这种物质称为"放射性钍"）。意大利人布兰克（Gian A. Blanc）报道了相似的失败。卢瑟福和他的朋友博尔特伍德对哈恩的新的放射性元素表示怀疑。博尔特伍德蔑视放射性钍，说它是"愚蠢和钍 X 的混合物"。[5]

哈恩加入卢瑟福在麦吉尔的实验室后，卢瑟福和博尔特伍德的态度有所缓和。哈恩使卢瑟福相信放射性钍不是他凭空臆造的。还是老问题，用尽手段也不能把放射性钍从钍中分离出来。

博尔特伍德在铀矿中发现的锾元素也不能从钍中分离出来。像博尔特伍德、哈恩、马克瓦尔德、克特曼这样学识渊博的化学家都尝试过，但都没有成功。甚至奥地利杰出的化学家韦尔斯巴赫（Carl Auer von Welsbach），一位在很难分离的稀有元素方面的专家（也是几种流行的照明方法的发明者），也不能从钍中分离锾。更糟糕的是，克特曼不能从锕 X 中分离锾。

同 位 素

这些无法分离的元素对于元素周期表来说是一个大难题。元素周期表是 19 世纪以来化学家一直沿用的分类标准。在那个世纪，许多化学家设计了多种方法把元素排列到示意图或图表中，最终俄国化学家门捷列夫编制的版本被采用。在门捷列夫的图表中，原子量决定了其化学性质。他按照原子量排列元素,这些元素就分成了许多族,比如碱金属族和卤素气体族。但是如果两个或两个以上的元素十分类似,无法分离,它们应该放在周期表的什么位置呢?

更糟糕的是,元素周期表中就没有放新放射性元素的位置。周期表的少量位置仍然是空的,所有比铀重的元素可以插在表的后边。但是新的放射性元素不可能比它们的母元素重,并且数量众多,无法安置在周期表中剩余的空间内。于是1909年克特曼提出:有些元素,因为化学性质十分相似,原子量应该近乎相等,也许能够共享一个位置。这一主张并不全是他的首创,早在1886年克鲁克斯就用类似的观点来解释稀土元素光谱,但是科学家们设计出了另一种在周期表中安置稀土元素的方法[6](图6.1)。

不像在元素周期表中的非放射性元素,放射性元素是有祖先的。所有放射性元素似乎都源于三个母元素:铀、钍和锕。随着母元素的衰变,它们产生了许多条后代世系,有些极其相似。例如,所有三个衰变系都包括惰性气体,这些"射气"后来被命名为氡、钍射气和锕射气。观察者注意到了铀X、钍X、锕X之间的相似性,以及放射性钍和放射性锕之间的相似性。这些类似物通常出现在每一衰变系的同一位置,并经常发出相同的射线(附录2)。[7]

1909年,瑞典化学家斯特伦霍尔姆(Daniel Strömholm)和斯韦德贝里(Theodor Svedberg)做了大量的化学测试,以便找到放射性元素在周期表中的位置。他们为三衰变系之间的相似性所震惊。难道这些无人能够分离的类似物在元素周期表中能够共享位置吗? 如果是的话,门捷列夫的图表就需要修改。他的图表中的每一个"元素"将是原子量几乎相同的几个元素的混合物。

因为这些恼人的放射性元素产生的量极其微小,人们无法直接测出它们的原子量,也许只有敏感的光谱测量方法可以识别它们。1912年, 索迪的学生罗素(Alexander S. Russell)那时在曼彻斯特的卢瑟福

元素周期表

系	0族	I族	II族	III族	IV族	V族	VI族	VII族	VIII族
	氢 1.008								
	氦 He 3.99	锂 Li 6.94	铍 Be 9.1	硼 B 11.0	碳 C 12.00	氮 N 14.01	氧 O 16.00	氟 F 19.0	
	氖 Ne 20.2	钠 Na 23.00	镁 Mg 24.32	铝 Al 27.1	硅 Si 28.3	磷 P 31.04	硫 S 32.07	氯 Cl 35.46	
A	氩 A 39.88	钾 K 39.10	钙 Ca 40.07	钪 Sc 44.1	钛 Ti 48.1	钒 V 51.0	铬 Cr 52.0	锰 Mn 54.93	铁 Fe 55.84　钴 Co 58.97　镍 Ni 58.68
B		铜 Cu 63.57	锌 Zn 65.37	镓 Ga 69.9	锗 Ge 72.5	砷 As 74.96	硒 Se 79.2	溴 Br 79.92	
A	氪 Kr 82.92	铷 Rb 85.45	锶 Sr 87.63	钇 Yt 89.0	锆 Zr 90.6	铌 Nb 93.5	钼 Mo 96.0	—	钌 Ru 101.7　铑 Rh 102.9　钯 Pd 106.7
B		银 Ag 107.88	镉 Cd 112.40	铟 In 114.8	锡 Sn 119.0	锑 Sb 120.2	碲 Te 127.5	碘 I 126.92	
A	氙 Xe 130.2	铯 Cs 132.81	钡 Ba 137.37	镧 La 139.0	铈 Ce 140.03	钶 140.03	镨 Pr 140.6	钕 Nd 144.3	杉 Sa 150.4
	铕 Eu 152.0	铥 Tm 168.5	钆 Gd 157.3	铽 Tb 159.2		镝 Dy 162.5		铒 Er 167.7	
			镱 Yb 172.0	镥 Lu 174.0		钽 Ta 181.5	钨 W 184.0	—	锇 Os 190.9　铱 Ir 193.1　铂 Pt 195.2
B		金 Au 197.2	汞 Hg 200.6	铊 Tl 204.0	铅 Pb 207.10	铋 Bi 208.0	(钋)		
A	镭射气 222.	—	镭 Ra 226.0	锕	钍 Th 232.4	铀 X₂（镤）	铀 U 238.5		

只有 4 个标记为 "——" 的格子是空的

图 6.1 元素周期表，1914 年。元素按照原子量而非原子序数排列。表中有 4 处空缺。来自索迪著《放射性元素的化学》(*The Chemistry of the Radio-Elements*) 第二部分 (London: Longmans, Green and Co., 1914)，第 10 页。

实验室与光谱学家罗西(R. Rossi)一起工作,他试图从钍和镅的混合物中搜索新的光谱,但没成功。哈斯歇克(Eduard Haschek)和维也纳镭研究所主任埃克斯纳也只观察到钍的谱线。同样地,他们在放射性铅的光谱中也没有新发现。

对于1907年哈恩发现的名为"新钍"的一个镭衰变产物的研究,带来了人们破解这个谜的契机。新钍和镭十分相似,以至于厂商用它作为镭的替代品。为了保护为他提供钍制剂的柏林化工企业的利益,哈恩保守了新钍生产流程的秘密。索迪决定自己摸索新钍的生产流程。

与此同时,化学制造商要求马克瓦尔德确定一份"镭"制剂中镭的含量。结果样品主要是以新钍为主。1910年在把新钍分离出去的努力失败后,马克瓦尔德得出结论:新钍在化学性质上"完全类似于"镭。[8]

索迪也没能从镭中分离出新钍,但比马克瓦尔德前进了一步。索迪查阅了1904年以来伦敦化学协会的《年度报告》(*Annual Reports*)中所有关于放射性的文献,并且全面彻底地了解了对那些无法分离的元素的研究情况。当他遇到新钍的不可分离性时,他准备采取激进的措施。1911年他提出:不可分离的元素不仅相似,而且是完全相同的。

近一个世纪以来,人们认为每一个化学元素都有一个独特的原子量,这已经成了一种化学信条。索迪用嬗变理论推翻了人们认为元素一成不变的信念,他现在又准备放弃原子量的首要地位。他对于无法分离的物质的解决方案十分恰当,科学家们很快就接受了。

到1911年,相同的物质的组群包括钍X、锕X、镭和新钍;钍、放射性钍、镅和铀X;镭、钍和锕的射气;镭D和铅。索迪认为,化学性质相同的物质必须共享元素周期表中的同一个位置。一位世交为索迪把"同一位置"翻译成希腊语"*iso topos*"(字面意思是"平等的位置"),索迪又把它转变为"isotopes"(同位素)。**同位素**现象因而成为一个原则:单一的化学元素可以以一种以上的形式存在,或者说可以有一种以上的同位素。利用这一概念,新的放射性元素就可以被收纳到周期表中。这样科学家就可以使用该表来预测放射性衰变系中缺失的成员的性质。

同位素的发现说明把一个发现归功于一个人是有问题的。马克瓦尔德的"完全类似"就意味着"相同"。他的合作者克特曼也曾提出不可分离的元素在周期表中可能共享一个位置。如果我们用"同位素"取代"不可分离的元素",那么斯特伦霍尔姆和斯韦德贝里在1909年的结论——化学元素实际上是原子量不同的不可分离的元素的混合物——就和索迪的立场完全相同。

然而,这个发现的功劳记在了索迪名下。索迪地位很高,也更知名,而且他在这一领域有骄人的成绩。因为同位素的发现和其他的放射化学研究,他获得了1921年的诺贝尔化学奖。斯韦德贝里并没有继续研究同位素这个主题。他因在胶体化学方面的工作获得了1926年的诺贝尔奖。

海韦西没能成功地从铅中分离出镭D,却找到了一个研究植物、动物和人类体内过程的巧妙方法。他表明少量的放射性同位素,被称为"指示剂"或"示踪剂",可以用来标记和它密不可分的非放射性元素。研究人员可以通过跟踪示踪剂的放射性找出这些元素的运动轨迹和集中的位置。后来,放射性示踪法为生理学家和医学研究者,以及农业科学家、化学家、冶金学家和工业科学家提供了有价值的信息。海韦西也因这一成就被授予1943年的诺贝尔化学奖。

位 移 定 律

随着同位素在大量放射化学研究中脱颖而出,化学家们开始注意到放射性物质发出的射线和产物的化学性质之间的关系。大多数放射性元素不能分离出来用于常规的化学试验,但电解能揭示它们的电化学性质。1906年,维也纳的莱尔希和莱比锡的卢卡斯(Richard Lucas)对放射性元素进行了概括。两人都确信,一个衰变系的后续产物的电负性越来越强。在 1912 年发现一些例外之前,这个所谓的卢卡斯或莱尔希定律一直影响着研究人员。之后,放射化学家们开始寻找更加准确的方法,来表述放射性元素在衰变系中的位置及其在周期表中的位置之间的关系。

研究活动主要集中在格拉斯哥的索迪实验室和曼彻斯特的卢瑟福实验室,柏林的马克瓦尔德也有一定影响。四名研究者:罗素和索迪各自在格拉斯哥,海韦西在曼彻斯特,化学家法扬斯(Kasimir Fajans)在德国的卡尔斯鲁厄,同时发表了后来被称为放射性元素位移定律的学说。四人的专业路径交织在一起,有些人拥有共同的导师。罗素通过马克瓦尔德接触到放射化学。法扬斯、罗素和海韦西在卢瑟福的指导下在曼彻斯特研究过放射性;而罗素也曾与索迪一起工作,索迪又曾与卢瑟福一起工作。索迪的助教弗莱克(Alexander Fleck)的研究又有助于最终解决方案的提出。

法扬斯的探索之路尤为丰富多彩。作为一个土生土长的波兰人,法扬斯在卡尔斯鲁厄技术大学领导一个研究小组,在那里他忍受着人们善意的玩笑,笑他在实验室里的笨拙。他的笨拙并不妨碍他在化学上的机敏。很长一段时间以来,他一直对放射性变化的序列感到困惑。为了转移注意力,他决定和他的学生戈林(Oswald Göring)去看瓦格纳的歌剧《特里斯坦和伊索尔德》(*Tristan and Isolde*)。据戈林说,"一天漫长的工作之后,法扬斯很累,很快就陷入困倦……我以为他睡着了,但突然他从口袋里拿出一张纸,写下了一个方程式……这个方程式的提出导致了迄今为止未知的同位素的发现。"[9]

正如经常发生的那样,灵感来自关注焦点和地点的变化。当法扬斯进入梦幻般的状态时,创作模式出现了,解决方案呈现在他的意识中。看完歌剧后,位移定律似乎是显而易见的,所需要的就是一种新的看待数据的方式。

法扬斯、索迪、罗素和海韦西表述位移定律的方法略有不同。按照他们的最终表述,位移定律说明了衰变产物的电化学性质取决于它的

母元素发射 α 射线还是 β 射线。若发射 α 射线,产生的放射性元素的电负性比其母元素的电负性更弱,在元素周期表中横向移动两个族。若发射 β 射线,产物比其母元素具有更强的电负性,仅横向移动一个族。

由于发射 α 射线和 β 射线使得衰变产物的化学性质截然相反,三次变化的组合,即一次 α 射线发射和两次 β 射线发射,会把这个系列带回到它的化学起点。启动元素和第三代产物将是同位素。"放射性物质的孩子,"索迪后来写道,"常常酷似它们的曾祖辈,相似度如此之高,以至于目前没有通过化学分析把它们分离的手段。"[10]位移定律是放射化学的一个重大突破。它们解释了放射性衰变序列的复杂性,以及铀、钍和锕衰变系的相似性。

位移定律的同时发现带来了不愉快。参与者都知道彼此的研究,一些人还一起工作过。索迪和法扬斯都相信对方剽窃了自己的创意。罗素最终尊重他的导师索迪,而海韦西决定撤回所有的优先权请求,理由是"局面很复杂,对我来说很尴尬……"卢瑟福给法扬斯写信说:"我个人觉得这个问题很纠结,几乎所有相关的人都曾和彼此谈及此事……结果是在没有法官和陪审团来调查每个人的情况下,几乎是不可能说清这个创意的源头的。"[11]

不用法院审判也十分明确的是,索迪实验室和卢瑟福实验室是这一发现的中心。这项研究的先行者们在理论上指导和启发着这一富有成效的研究。这个发现也表明放射化学的日益成熟。到 1913 年时,放射化学数据和分析已经达到一定程度,提出相同问题又受过相似训练的研究人员都可以得出类似的结论。"我可以诚实地说,即使法扬斯从来没有存在过,"索迪写道,"也不会影响整个周期律的推广……我很愿意相信,法扬斯针对弗莱克、罗素和我自己也说过同样的话。"[12]

正如同位素发现那样,索迪最终成为发现位移定律的最大功臣。原因之一可能是他在 1911 年比其他人更早地提出了位移定律的一个不完备的版本。更重要的是他的职业地位。不同于其他的竞争者,索迪拥有教授职位,因早期的研究而广为人知,并且处在一个可以接触广大听众的位置。他擅长写作,工作出色,并能清晰地表达自己的思想。

没有人质疑索迪的核心作用,但是其他人也应该得到承认。最后,索迪受益于一些历史学家所说的"马太效应",出自《马太福音》第 13 章第 12 节(Matthew 13:12):"凡有的,还要加给他,叫他有余……"名誉和功劳往往属于那些已经出名的人。[13]

衰变链的尽头

放射性元素沿着以铀、钍、锕开始的链衰变,这个过程最后停止。研究者不再能探测到暗示另外一种元素产生的射线。这意味着衰变链以非放射性产物结束。这些最终的生成物可能是什么?博尔特伍德在 1905 年提出这种物质是铅,他说"铅作为铀镭矿组成成分不断出现……"[14] 对矿物中铅与铀的比例的测量支持他的预测。

通过把位移定律应用到这个问题上,法扬斯和索迪都证明了铀的最终衰变产物是铅。在铀的转变过程中,从铀原子量中减去释放出的 α 粒子的质量,得出一个略低于已确定的铅的原子量的数字。这意味着从铀矿中得到的铅比普通铅要轻。

科学家们在 1914 年赶紧检验这一预言,而且都得到了预期的结果。竞争者包括赫尼希施密特(Otto Hönigschmid)、霍罗威茨(Stephanie Horowitz)、赫尼希施密特以前的老师理查兹(Theodore W. Richards)、伦贝特(Max Lembert)、皮埃尔·居里的侄子莫里斯·居里(Maurice Curie)等。

赫尼希施密特是布拉格的一名教授,布拉格那时属于奥匈帝国,后来成为捷克共和国的首都。他和霍罗威茨一起工作,霍罗威茨来自奥匈帝国的波兰语区。有声望的哈佛化学家理查兹是原子量测量专家。法扬斯派他的学生伦贝特与理查兹一起工作,致力于测量从铀中提取的铅的原子量。赫尼希施密特和霍罗威茨测量了从镭中提取的铅的原子量,由于不含任何其他形式的铅,他们得到了最准确、权威的结果。

　　索迪和法扬斯认为普通的铅是来自不同衰变系的不可分离产物的混合物。因为这些产物是从不同的元素衍生出来的,它们应该有略微不同的原子量。普通铅的原子量是不同成分的平均数。计算显示,来自钍的铅比来自铀的铅重。早在1914年初,索迪和他的学生海曼(Henry Hyman)就断定来自钍矿的铅比普通铅重。后来赫尼希施密特用索迪借给他的一个样本测量出了钍中铅的原子量的高精度数值。

更多的同位素

　　如果放射性元素和铅不只有一种形式或同位素,那么其他元素是不是也有同位素?这个问题的答案来自剑桥。1913年汤姆孙想分离惰性气体混合物中的离子。为了完成这项工作,他把离子送入电场和磁场的混合装置,并用照相底片记录了它们的路径。

　　来自混合物中不同元素的离子在底片中形成了不同的曲线,曲线的位置取决于产生这种离子的元素的原子量。出乎预料,汤姆孙发现了和任何已知元素都不一致的一种曲线。考虑了几种可能性后,汤姆孙断定这种曲线代表一种新的气体,也许是氖和氢的化合物。

　　只有当氖出现的时候这种奇怪的曲线才出现。汤姆孙的助手阿斯顿(Francis W. Aston)想分离产生不同曲线的粒子并测量它们的密度。有一种粒子的原子量比氖的公认的原子量重,而另一种粒子的原子量则比氖轻,但它们的光谱是相同的,而且和氖的光谱相匹配。显而易见,这两种粒子是氖,而不是汤姆孙所说的化合物。氖的原子量一定是这两种同位素的平均数。由于氖不是由放射性元素产生的,阿斯顿的结论意味着普通元素也可由同位素组成。

　　1919年阿斯顿改进了他的设备,发明了后来称为质谱仪的仪器。利用这种仪器,他证明了许多其他元素都是同位素的混合物。由于这些成就,1922年他被授予诺贝尔化学奖。

第七章

原子之内

……放射性物质的原子就是一个世界……

——庞加莱,1913 年*

有证据表明,在原子内部有一个基本量,当从一个元素过渡到另一个元素时,它按规则的间隔变化……这个量只能是原子核的正电荷数……

——莫塞莱,1913 年

基 本 组 分

同位素的发现动摇了化学中最基本的原理之一,即:原子量决定化学性质。如果重量不是关键,那是什么造成了不同种类的原子差异如此之大? 什么新想法对理解元素周期表中的关系有意义?

原子自然是寻找线索的合适地方,但困难的是我们对其内部的机

---

*　庞加莱于 1912 年去世,原书引用庞加莱的话标 1913 年疑有误。——译者

制知之甚少。"原子"（atom）在希腊语中意指"不可分割的"，但到1900年这一说法就变得用词不当了。物理学家不再把原子视作基本单元，而认为它包含许多组成部分。原子、分子发出的光谱实在太复杂了，似乎只有通过无数辐射性带电粒子才能产生。多数人相信，这些亚原子粒子就是电子。热、光和 X 射线能使物质放出电子，放射性原子能放出高速电子（β 粒子），这些事实支持了这种猜想。

由于原子通常是电中性的，它们一定包含有带正电的部分来平衡电子的负电荷。放射性提供了一个候选者——α 粒子。也许原子就是由 α 粒子和电子组成的。有些人猜测最轻的元素氢是原子的一个组成部分。卢瑟福认为半氦原子是基本组分，还有人认为铅（放射性元素衰变链的终极产物）也是。三个放射性衰变链的相似性说明它们具有共同的组成部分。20 世纪初期，有若干科学家提出了不同的原子结构模型。

轰 击 原 子

尽管没人能够看得见原子内部，但还是有办法对之进行间接的了解。方式之一是用电子或 α 粒子轰击某种物质。它们击中目标后，可能会毫无变化地穿出，或消失在目标靶中（被吸收），或弹开（散射）后被测量仪记录下来。通过确定相对于粒子入射方向不同角度的散射粒子数，物理学家能够推测出导致这种结果的隐秘的原子结构。

那时散射实验在剑桥大学风靡一时。汤姆孙最先研究了电子与物质的相互作用。他把原子想象成有许多电子在其中转动的带正电球体。尽管从未有人发现过这样的球体或小于原子的带正电的载体，但汤姆孙认为原子一定包含正电荷，否则无法使带负电的电子不散开。

作为汤姆孙曾经的学生，卢瑟福有能力自己开展散射实验。他于1908 年因为研究 α 粒子计数问题开始关注这方面的课题，并无解释原子结构的打算。卢瑟福的助手盖革发现，散射会影响他对 α 粒子的计数。

为了更好地理解散射,盖革让 α 粒子穿过一个狭缝打到磷光屏上,每个打到磷光屏的粒子会闪一下光。他比较了狭缝被铝或金箔挡上与没被挡时的结果。

盖革与进入实验室的大学生马斯登继续这方面的实验。磷光屏上闪光的分布表明,散射范围与箔膜的厚度和构成有关。令他们惊奇的是,有些 α 粒子被金箔散射的角度等于甚至大于 90°。怎么会这样?盖革算过,最有可能的散射角也只有 1°。"这就好像,"卢瑟福后来解释说,"你把一枚 15 英寸*的炮弹打到一片棉纸上,它却弹回来击中了你。"[1]

要定量地理解散射需要一个数学理论。1910 年,汤姆孙基于他的原子模型发表了这样一个理论。汤姆孙认为电子散布在原子之中,原子(的质量)并不集中在某一特定范围。克劳瑟(James A. Crowther)在卡文迪什实验室做的散射实验结果似乎与汤姆孙的模型相符。然而这个模型无法解释卢瑟福的学生观测到的大角度散射现象。

雄心勃勃和充满自信的卢瑟福,无法掩饰他要胜过前辈科学家的欲望。1904 年他就曾挑战过受人尊敬的开尔文勋爵关于地球热量的估算。现在他要通过与克劳瑟较量向汤姆孙挑战。卢瑟福花了数月时间捣鼓散射公式,私下里批评克劳瑟的工作。最终他构想了一个似乎可行的模型。

有核的原子

卢瑟福论证说,只有假设 α 粒子在偶尔非常接近一个很重的带电体时,带电体把 α 粒子差不多原路反弹回来,才能解释大角度散射。由于反弹事例稀少,原子的分布一定极其松散,这样大多数入射粒子才

---

* 1 英寸约为 2.5 厘米。——译者

能仅受很小影响或不受影响地穿过。

卢瑟福认定原子的正电荷一定集中于非常小的体积(原子核),这样才能把入射粒子重拳击回。他想象原子类似于微型太阳系,电子环绕带正电荷的原子核转动。因为原子核的可能组分(α粒子和电子)带有整数电荷,他假设原子核的电荷也是整数。卢瑟福在此模型基础上推出了散射公式。

盖革马上开始通过实验检验这些公式,结果与理论预言完全相符。卢瑟福在1911年发表了他的理论,但不是作为原子模型,而是作为一个散射理论。

回想起来,这是一件大事。经过对难以琢磨的原子几年的猜测,一些问题明确了下来:原子是稀疏的,带有一个高电荷密度的中心核。然而,在1911年,即便卢瑟福都似乎没有意识到他发现的重要性。他的目的是发展散射理论,而不是解释原子结构。原子核似乎是个后见之明,他和同时代的科学家都没有特别强调。

卢瑟福的原子模型也并非首创,日本物理学家长冈半太郎在1906年就提出过一个太阳系模型,皮兰在1901年也提议过类似的东西。勒纳和威廉·H·布拉格(William H. Bragg)早就认为原子的大部分区域一定是空的。原子核或中心核的想法很普通,人们很容易忽视卢瑟福文章的这个特征。

对早期的建模者来说,盖革和马斯登的实验数据以及卢瑟福的分析都用不上。由于卢瑟福的理论可以被量化和检验,相比先前的猜测,它可以进一步发展。人们对他1911年的文章兴趣寥寥也只是暂时的,当年轻的丹麦物理学家玻尔(Niels Bohr)来到曼彻斯特后,卢瑟福的有核原子模型的前景发生了根本性的改变。

原子核与元素周期表

玻尔是丹麦哥本哈根大学一位生理学教授之子,他选择了物理,博士学位论文研究的是金属中的电子。他来到剑桥,希望能将论文发表,并说服汤姆孙他的有关理论是有问题的。几个月后,玻尔明白他的计划根本不可行,于是决定在卢瑟福实验室申请一个位置。

虽然这个诚挚的丹麦小伙子啰啰嗦嗦,但他还是打动了卢瑟福。在实验室里,玻尔的同事包括海韦西和罗素——他们在得出了放射性衰变的位移定律后,与玻尔讨论了有关放射性元素的困惑和衰变序列问题——以及博物学家查尔斯·达尔文的孙子查尔斯·G·达尔文(Charles G. Darwin)和莫塞莱这两位年轻的物理学家。

这些科学家讨论的一个想法非常诱人,但还缺少实验支持。1911年,认真关注了近年物理学发展的荷兰律师范登布鲁克(Antonius J. van den Broek)在基本概念上实现了一个简单但非常深刻的飞跃。之前科学家是按照原子量来对元素周期表中的元素进行排序,但对这个系统来说同位素是个问题,因为同一元素的同位素有不同的原子量。范登布鲁克发现,用元素在一个数序中的位置而不是原子量来标记元素,也许更有用。这个数序从第1个元素氢开始,以第92号元素铀结束。[2]

次年,范登布鲁克又提出,这些标记元素的数代表元素的核电荷数。氢的电荷为1,铀为92,等等。决定元素的化学性质的不是原子量,而是这些整数,这些整数后来被称为**原子序数**。

没有实验的支持,范登布鲁克的想法就仅仅是一个有意思的猜测。实验证据来自金属被高速阴极射线轰击时放出的 X 射线。大约 1906年,汤姆孙从前的学生巴克拉(George Barkla)报告说,被轰击元素所产生的 X 射线的模式与元素的种类相关。这些所谓的特征 X 射线似乎来自原子的深处。

1912 年,在争论了几年以后,实验最终表明,X 射线和光一样,也是一种电磁辐射。第二年,威廉·H·布拉格和他的儿子威廉·劳伦斯·布拉格(William Lawrence Bragg)在英格兰北部的利兹大学发现了一种确定 X 射线波长(和频率)的方法。莫塞莱和查尔斯·G·达尔文也在剑桥紧张地进行着 X 射线实验。在他们合作完成了第一篇论文后，莫塞莱决定用布拉格父子的办法验证一下范登布鲁克的假说。他要尽可能多地测量不同元素的特征 X 射线频率，从而确定这些频率是否与原子序数有关。

莫塞莱找到了 27 种元素的纯净样本，并用阴极射线进行轰击，测量了释放出的特征 X 射线频率。不出所料，莫塞莱找到了 X 射线频率和原子序数之间的数学关系。这是对范登布鲁克假说的有力支持。

范登布鲁克曾经宣称原子序数对应于核电荷数。有些科学家已经推测出了这点，有些也快要承认了。玻尔和其他科学家意识到，将关注点从原子量转变为原子序数，能够解决放射性元素给元素周期表带来的问题。按原子序数给元素排序，一个元素的所有同位素都将在周期表中位于同一位置，它们的原子量不同则无关紧要。很快原子序数就变成了元素周期表排列的新规则。

玻尔对这些问题极感兴趣。他打算创立一个原子理论，将现有知识与1900 年普朗克（Max Planck）提出的新量子理论联系起来。按照这个理论，能量只能以特定的量（称为"量子"）而不是任意的大小传递。在曼彻斯特待了几个月后，玻尔回到丹麦与未婚妻内隆（Margrethe Nørlund）成婚，并取得了哥本哈根大学的教职。1913 年他发表了一篇有关原子和分子结构的长文章，由三部分组成。基于卢瑟福的有核原子和范登布鲁克机制，玻尔给每个核确定了一个与它在元素周期表中的位置数（原子序数）相应的电荷。他认为，原子序数不仅表示核电荷，也表示原子核外电子的数目。旋转着的电子的负电荷会平衡原子核所带的正电荷。

玻尔通过大胆的假设简化了所涉及的数学问题，得以把量子纳入他的原子模型。这个原子模型对于研究最简单的原子——氢——非常成功，但很不幸对更复杂的原子不适用。理论的问题似乎难以克服，然而玻尔还在努力用它解释光谱学中由来已久的老大难问题。许多人对他的理论感兴趣，因为它既可以解释好些现象，还能将新概念自然地融合进来。玻尔和其他人花费了十多年的功夫，对这一理论作了较大的修正,最终他的观点成了主流物理学的一部分。

　　玻尔对卢瑟福有核原子模型的进一步完善使得人们对它的兴趣大大增加。回过头来看,卢瑟福模型是一定能够成功的,十多年的研究已经为有核原子模型打下了基础。放射性对人们试图掌控它的顽固抵抗表明,它源自原子的另一个部分——与通常产生化学和物理效应的区域不同。有核原子能很好地满足这一点,到1914年卢瑟福模型得到了广泛认可。

γ 射 线

　　γ射线是如何与放射性原子联系的呢? 要回答这个问题,科学家需要对那些不可见射线了解更多。尽管γ射线似乎只是具有更强穿透性的X射线,但研究人员还在考虑其他可能性。1902年卢瑟福发现,在某些方面,这些γ射线的行为特征更像已知是电子的阴极射线。斯特拉特也在好奇γ射线是不是粒子。

　　一些物理学家是这么认为的,包括德国物理学家帕邢(Friedrich Paschen)和威廉·H·布拉格。然而实验最终表明γ射线不带电荷,所以不可能是电子。也许γ射线是不带电的粒子。布拉格认为它们是由一对正负电荷构成的。这些正负电荷对会形成一个中性粒子,他称之为"中性对"。[3]

　　γ射线是粒子的想法有实验结果支撑。有关γ射线、X射线和光的一些实验,如果不假设它们在空间是聚集的,而是像波或能量脉冲一样散布开来,则无法解释。一个例子就是光把原子中的电子打出来的光电效应。电子可以汇集起来形成电流并触发开关,比如人挡住光线后(感应)门会自动打开。很难想象如果射线是像波或能量脉冲(小范围的波)一样在空间弥散着,能量是如何传递给电子的。但如果能量是聚集在一个粒子上则很容易理解。布拉格认为他的微粒模型能比波或脉冲模型更好地刻画这些辐射的行为特征。

哲人石
丛书

Philosopher's
Stone Series

　　布拉格发表中性对理论引发了与巴克拉的争论。他们持续的辩论导致了重大的发现,包括巴克拉发现特征 X 射线。其他许多人也加入了关于 γ 射线本质的争论,包括澳大利亚的马德森(John Madsen),英格兰的汤姆孙,德国的维恩(Wilhelm Wien)、施塔克、迈尔、索末菲(Arnold Sommerfeld),奥地利的施魏德勒,还有苏格兰的索迪。

　　1912 年,慕尼黑大学的两位物理学家弗里德里希(Walter Friedrich)和克尼平(C. M. Paul Knipping)发现,从晶体上反射回来的 X 射线具有波的特征。他们是基于劳厄(Max von Laue)的理论进行实验的,彼时劳厄正在那儿讲学。(劳厄由于其开创性的工作获得了 1915 年诺贝尔物理学奖。*)在得知 1912 年的实验结果后,卢瑟福和安德雷德(Edward Neville da Costa Andrade)决定用 γ 射线做一下同样的实验。安德雷德那时受基金支持在曼彻斯特大学实验室工作。

　　γ 射线也像 X 射线一样从岩盐晶体上弹开,卢瑟福和安德雷德借此可测量 γ 射线的波长。对大多数科学家来说,这些实验表明了 γ 射线的波的属性。

　　然而分歧依然,布拉格仍坚持他的中性对理论。对他来说(对索迪也一样),波和微粒学说都对,只能接受这个悖论。"能量像微粒一样从一点传递到另外一点;所走路线的分布满足波动理论:看起来非常难以理解,但现在就是这么回事。"[4]布拉格相信量子理论会把波和微粒模型很好地调和起来。从数学上说这也许可行,但一个理论能把相差如此之大的模型统一起来,实在令人难以想象。布拉格的大多数英国同事都怀疑是否有必要采取这么极端的办法。

　　20 世纪 20 年代的一系列工作最终证实了布拉格的直觉,波和粒子模型都正确。这个被称为波粒二象性的悖论已载入物理学的史册,成为物理学的一个基本原理。按照这个原理,在描述自然世界时两个模型都需要。

　　　* 实际为 1914 年。——译者

原子核理论

1912 年前后,研究人员开始谈论不同类型的电子。那些原子中靠外层的电子支配电导、光谱、光电效应、热辐射和化学行为;再往内的电子通过振荡产生特征 X 射线;放射性的源头则在原子的更深处。放射性对实验者来说太虚无缥缈了,它仅通过神秘的爆发把 α、β 粒子,或 γ 射线激发出原子来展现自身。原子核很可能就是放射性的发源地。

α 和 β 粒子不是出自原子核,就是出自非常靠近它的地方。这些粒子能量很高,科学家推测它们从原子中放出来之前就在运动了。多数人认为,原子核包含 α 粒子,贡献正电荷;β 粒子电子像外层电子一样,位于环形轨道上。卢瑟福认为,β 射线的环形轨道在原子核之外,但比产生特征 X 射线的轨道在原子中要深得多。范登布鲁克设想,β 射线来自在原子核内部旋转的电子环形轨道。

许多科学家认为,在 β 粒子从原子中迸发出来时产生了 γ 射线。卢瑟福相信 β 射线来自原子的最内层环形轨道,在穿过外层电子环时激发出了 γ 射线。还有人猜想,β 和 γ 射线均来自原子核内部。

到 1913 年,有迹象表明 γ 射线起源于原子核。卢瑟福修改了他的模型,将初级 β 粒子挪到了原子核内,但没有对 γ 射线作改动。他仍然相信部分 β 粒子来自原子核外面的电子环。当初级 β 粒子射出原子核时,它们会将次级 β 粒子打出电子环,并产生 γ 射线。

核电子能够给同位素作出解释。如果原子核同时包含电子和 α 粒子,含有不同数量 α 粒子的原子核就可能拥有相同的净电荷和原子序数。譬如,一个含有 4 个 α 粒子的原子核净电荷数为正 8,与一个含有 5 个 α 粒子(正电荷数 10)和 2 个电子(负电荷数 2)的原子核相同,它们的原子序数都是 8,但原子量不同。它们会是同位素。

核电子也能起到类似黏合剂的作用,将原子核中的 α 粒子束缚在一起。没有某种形式的束缚力,相互间的排斥力会使得这些带正电荷的粒子分开。为避免这个问题,有些科学家提出在原子核内电的排斥力和吸引力不存在,或者有其他类型的力把 α 粒子束缚在了一起。

1915 年有几位科学家提出了放射性的原子核模型,包括英格兰的尼科尔森(John Nicholson)和林德曼,法国的德比耶纳,德国的劳施·冯·特劳本贝格(Heinrich Rausch von Traubenberg),美国的哈金斯(William D. Harkins)和欧内斯特·D·威尔逊(Ernest D. Wilson)。德比耶纳提出了原子核受表面张力束缚的观点。这是一个富有远见卓识的想法,20 世纪 30 年代又被重新提出,用来解释核裂变。

不论这些想法有多么诱人,科学家们尚没办法检验它们。直到第一次世界大战结束很久后,核及核力还一直是片未知的疆域。

第八章

后续

　　我建议英格兰关注卢瑟福博士……巨大的进步很可能即将出现……

——玛丽・居里，1913 年

战　争!

　　到 1913 年，放射性发现 18 年后，世界已经发生了翻天覆地的变化。莱特(Wright)兄弟的飞机试飞成功，福特(Henry Ford)开始生产 T 型车；街上出现了霓虹灯指示牌，人们在用电话或电报发送信息；化学上生产出许多惊人的新材料，比如酚醛塑料、赛璐玢玻璃纸、人造纤维；生物化学家即将理解维生素、酶、激素，并已经破解了叶绿素的构成。

　　地球越来越听命于探险者和考古学家，他们征服了南极和北极，在克里特岛克诺索斯发掘出了一个已经消失的文明。工业巨头像通用汽车、福特、戴姆勒和法本*等公司,以及像都柏林阿比剧院和慕尼黑德意志博物馆等文化机构,也在这个时期相继出现。越来越多的女性进入大学,而许多大学是那个时候才刚刚对女生开放的。此外,妇女参政运动也开始在伦敦出现。在家庭范围,父母开始给孩子们买泰迪熊,读波特(Beatrix Potter)**的故事书。

对欧洲人来说,这不是一个和平的时代,他们在南非、东亚和意大利发动了战争。巴尔干地区长期处于文化和政治紧张状态,爆发了一系列冲突,这些冲突终于在1913年伴随着脆弱的停战协议停息了。

艺术反映时代的变迁。像毕加索(Picasso)、马蒂斯(Matisse)、夏加尔(Chagall)、德兰(Derain)、康定斯基(Kandinsky)等开创者,用立体主义、野兽主义、德国表现主义和其他可统称为后印象主义的表现形式,展现了看待世界的新视角。1913年纽约的军械库艺术展***推出了上述新艺术形式,引起了轰动。艺术总是走在文化的最前沿,它背离了对美好事物的写实刻画,这预示着未来发生的事件将带来令人震惊的不真实感。

1914年,欧洲脆弱的缓和关系崩溃了,后果难以想象。导火索是一个塞尔维亚极端民族主义者,他刺杀了奥匈帝国皇储斐迪南大公(Archduke Francis Ferdinand)。这个事件引发了不断升级的一系列冲突,最终引爆了第一次世界大战。

正常的生活,包括大多数科学研究,都停滞了。放射性研究的主要实验室中,只有维也纳镭研究所在战争期间还努力维持着研究。[1]一些

---

* 曾经是德国最大的公司,世界最大的化学工业康采恩之一,全称为"染料工业利益集团"。1952年被拆分为阿克发、拜耳、巴斯夫等10家公司。——译者

** 波特(1866—1943),英国著名童话作家,创作了彼得兔、汤姆小猫等小动物形象。——译者

*** 也称军械库展览会,正式名称为国际现代艺术展览会。因1913年始在纽约一军械库举办而得名。——译者

哈恩则应征入伍了。居里夫人和她 17 岁的女儿伊雷娜在法国战场上
到处跑,把移动式 X 射线机带到前线。奥地利物理学家迈特纳(Lise
Meitner)在柏林自愿为奥地利军队做 X 射线护理技师。

还有几个不走运的人。如剑桥物理学家查德威克(James Chad-
wick),那时他正跟盖革一起在柏林工作,以及正在曼彻斯特工作的卢
瑟福的玻璃匠鲍姆巴赫,他们在战争爆发时不幸身处敌对国家,在囚禁
中度过了战争时期。[2] 许多本来很有前途的科研人员不幸丧命,包括莫
塞莱和居里夫人的得意门生达内什(Jan Danysz)。

第一次世界大战成了人类有史以来最灾难性的冲突。科学技术被
用来创造包括毒气在内的新型武器,以及飞机和潜艇等新战斗方式。
由此给欧洲造成的物质和精神上的创伤需要几代人来平复。

德国和奥地利战败后,战争结束了,研究人员逐渐恢复了工作。对
战败者来说,情况更加糟糕,他们面临着食品和燃油的短缺。致命的流
感蔓延,伴随着社会动荡和违法乱纪猖獗。获胜者施加的严苛条约加
重了战败国的痛苦和屈辱,使得德国人特别易于受到威权主义运动的
煽动。随着民族社会主义德国工人党,即"纳粹",于 20 世纪 30 年代
掌控德国,噩梦终于成真了。

一战期间的放射性研究

尽管实验室和科研经费被充军或挪作他用,还是有些科学家在战
争期间能够从事放射性研究工作。寻找衰变系中的缺失环节、测量衰
变周期和原子量、辐射特征、衰变周期与 α 粒子射程之间的关系、发光
漆、放射性年代测定等都是重点研究的课题。

尽管还有不少细节有待完善,但放射性元素的整个体系、它们的性
质、它们之间的相互关系等在战争爆发前已几近明了。读了斯特凡・
迈尔和施魏德勒 1916 年有关放射性的教科书后,一个评论家总结说,

这个学科快要完结了。

以前也曾有过某个研究领域要终结的预言。19世纪末，在牛顿力学、电磁理论和热力学成功确立后，有些看法认为，可供研究者发现的物理内容已所剩无几。

一系列出人意料的发现宣告物理终结论彻底破产。X射线、放射性、电子和其他一些惊人的发现动摇了物理学已完备的观念，开启了尚待研究的未知世界之门。

尽管从表面上看放射性这章即将翻过，但那些真正了解这个领域的人知道，其中最本质的问题还没有解决。原子为什么能够产生如此巨大的能量？是什么决定了原子在哪个时刻衰变？因果性解释如何描述衰变的随机性？原子结构和射线之间有什么联系？

战前和战争期间人们做了许多尝试来解决这些谜团，然而没什么进展。做更精确的测量、弄清放射性元素之间的演变关系，相对更有可能成功——特别是在战争期间，时间没有保证、资源和人力匮乏的情况下。回过头来看，当时研究人员要解决这些老大难问题还缺少一些关键的认知。直到20世纪20年代末、30年代初，随着量子论的发展和波动力学的出现，这些知识才得以具备。

战争期间开始的某些研究也带来了令人振奋的希望，终结了放射性已经没什么潜力可挖的传言。让人啼笑皆非的是，这些个发现与其他因素结合后，最终导致放射性丧失了作为一个独立研究学科的地位。

从放射性到核物理和粒子物理

就在战争快要爆发之前，卢瑟福的学生马斯登报告了一个很吸引眼球的结果。他在做α粒子实验时，发现仪器中有高速氢原子出现。或许像氦一样，氢也是放射性蜕变的副产品。

这种可能性让卢瑟福很感兴趣。马斯登离开了学校，在军队服役期间无法继续进行实验。与战争有关的研究占据了卢瑟福的大部分时间,但他还在断断续续地推进马斯登的研究。令他吃惊的是,他发现放射性衰变与氢的出现无关,马斯登设备中的氢来自空气中的氮原子。

显然高能 α 粒子能够将氮原子削掉一部分,产生氢原子。经过数年试图影响放射性蜕变的徒劳无功的努力,卢瑟福意识到现在他和马斯登不经意间造成了普通元素的分解![3]

如果 α 粒子能从其他原子中分裂出氢原子,氢原子也许就是原子的基本组分。这些结果支持了对原子构成的长期猜疑[4],也呈现了一种令人激动的可能性。也许 α 粒子还能用来打破其他原子,揭示核力和核结构的奥秘。

在卢瑟福的结果的激发下,人们纷纷用 α 和 β 粒子开展新研究,并努力得到能量更高的入射粒子来轰击原子。为了提高这些亚原子炮弹的能量,科学家发明了能把粒子加速到很高速度的机器。20 世纪 20 年代和 30 年代发明的静电加速器、直线加速器和回旋加速器,是后来一系列更大、更精巧的原子粉碎机的开端。

20 世纪 20 年代出版了几本关于放射性的权威教材。巴黎和维也纳的实验室发表了许多关于放射性的研究成果,柏林和剑桥也毫不逊色。迈尔和施魏德勒在他们的教科书《放射性》(*Radioaktivität*)中引用了 1916 年至 1926 年间 1561 名作者的工作。这个领域在健康发展,但关注点在转变。

卢瑟福在他 1930 年的教材《放射性物质的辐射》(*Radiations from Radioactive Substances*)中对这个学科作了评议。书名体现了他对这个学科关注点的转变——从研究放射性变化和衰变关系,转变到理解射线和它们与物质的相互作用——的看法。他相信这些研究会有助于解决放射性中的两个老问题:原子核结构和核变化中的能量改变。用高速粒子轰击物质是新的研究前沿。

20 世纪 20 年代,物理学家越来越关注原子核和宇宙中的亚原子粒子。理论家开始对先前的原子物理实验感兴趣。他们把量子理论和波动力学应用于原子核。通过描绘概率在原子物理中的统治地位,新理论把偶然性确立为自然界的核心属性。尽管有一些物理学家还寄希望于用因果性解释放射性衰变和量子,但他们也乐意暂且跳过那些似乎不能理解的谜团,转而研究他们可以回答的问题。

1931年,第一届国际核物理大会在罗马召开。次年,查德威克确认了一种中性亚原子粒子——中子。除了理论上的重要性,中子也成为探查原子内部的另一个手段。对应于电子的带正电的粒子——正电子,也在这一年由安德森(Carl Anderson)在宇宙线中发现了。

1934年,伊雷娜·居里和丈夫弗雷德里克·约里奥(Frédéric Joliot)制造出首个人工放射性同位素——放射性磷,成为后来一系列人工放射性同位素的开端。这些同位素中有许多在医学和工业上很有用,如用来做放射性示踪剂,用于癌症治疗和充当烟雾报警器的电离源。

人工同位素实验最终导致德国化学家哈恩、施特拉斯曼(Fritz Strassmann)和奥地利物理学家迈特纳1939年发现了核裂变。核裂变中,一个不稳定的重核解体产生两个原子量较轻的原子。这个过程一般称为"原子分裂",会释放巨大的能量。

没有公开的宣称或鼓噪,放射性就被核物理和粒子物理取代了,那些曾经让人神魂颠倒的现象现在仍然受人关注,但主要是由于它们的应用。另外一个新学科——核化学——取代了放射化学的位置,而放射化学的主要问题已经在20世纪20年代初解决了。源自放射性研究的宇宙线问题,已经彻底被粒子物理囊括了。

就这样,那些曾经迷惑科学家几十年的谜团,再也没有在原来的意义下得以解决。新物理学概念取代了旧体系按前因后果关系运作的观点。新方案的成功使大多数科学家相信,概率作为物理世界的基本原理,毋需更多的解释。放射性中原有的困惑,转变成了一系列有关核结构、粒子和场、量子跃迁、对称性和不变性以及一些越来越抽象艰涩的数学形式等新问题。放射性这门纯粹的实验科学蜕变成了一些新的理论分支,得到相关实验的助力,并由一系列现实后果牵引前进。

第二部分

放射性的
测量和应用

现在你拥有了纯的镭盐！……可惜的是这项工作看上去只有理论价值。

——瓦迪斯瓦夫·斯克洛多夫斯卡（Władisław Skłodowski）
于 1902 年写给玛丽·居里的信

玛丽·居里深爱着的父亲在他死前几天写下的这些话，很快被事情的发展所否定。放射性的应用前景催生了一个利用放射性材料的行业迅速发展。这一新行业影响深远。

辐射对活体组织的肉眼可见的作用激发了对它在医疗应用领域的探索，这一探索也带来了未曾预料到的后果。对放射性物质的需求激发了大规模的勘探以及为了加工和制造这种材料而进行的商业冒险。新的仪器和工具为探索未知开辟了新的渠道，也为放射性的实际应用提供了更多的选项。

放射性国际标准的制定促进了科研、医疗和工业的发展。测量所用到的方法和仪器日趋精密，并最终改变了研究的规模。科研、医疗、工业与逐渐被认知的放射性的威力所引起的社会、政治、道德问题交织在了一起。

第九章

方法和设备

凡事皆有应对之策。

——贺拉斯,《讽刺诗集》(*Satires*)

至关重要的选择

当科学家选择某种方法来研究一种现象时,他们下意识里接受了关于这种现象的诸多假设,并缩小了所要考虑的观点范围。实验者收集和记录数据的方式决定了他们所能观测到的内容,并且限制了对所得结果可能作出的解释。人们用来观测放射性的方法影响了新科学的发展进度和前进方向。

早期的实验者可以应用摄影术、电学测量设备以及荧光材料来研究放射性。每种方法都有它们各自的长处与局限,且都对放射性给出了它们各自的解释。采用摄影方式意味着新的射线和光线有相似之处。亨利·贝克勒耳在他的早期实验中试图寻找一种新的光线,于是采用了摄影方式。由于电学实验可以记录电离作用,这暗示我们放射性类似于 X 射线、阴极射线或者紫外光。用荧光材料检测放射性则暗指这种物质是紫外线或者阴极射线。

摄影术在概念上简单而常见。它直接捕获可见影像,对定性研究和记录被电磁场偏转的射线轨迹用处很大。遗憾的是,这种方法也有严重的缺陷。照片难以被量化和解读。比如从照片的影像很难确定辐射的强度。摄影术也无法记录短寿命的辐射产物,因为要得到有用的图像,曝光时间必须足够长。更糟糕的是,摄影术容易引入误差,这是因为除了辐射,各种药剂也会影响照相底片和胶片。

科学家用电学仪器研究由辐射体引发的电离。通过安装刻度来测量验电器的叶片或者静电计的指针和弦的移动,验电器和静电计可以达到很高的灵敏度,从而得到精确的定量数值。据皮埃尔·居里称,他的验电器比能够测量痕量元素的分光镜还要灵敏 10 000 倍。[1]

由于电学仪器反应灵敏并容易调节,它们适用于各种强度和类型的辐射。与照相底片不同,电学仪器可以探测到短寿命的辐射体。由于它们的这些优势,在辐射研究中电学方法很快取代了摄影术。

贝克勒耳射线会在荧光材料中产生显著的可见效应,这使得荧光材料成为探测放射性的候选者之一。19 世纪的研究者用由氰亚铂酸钡荧光物制成的屏幕来探测射线。这些屏幕在对阴极射线和 X 射线的研究中变得流行,并于之后被用来研究贝克勒耳射线。然而这种简单且色彩斑斓的方法并不适用于大多数定量研究。

卢瑟福和盖革在 1908 年展示出,当 α 粒子打在硫化锌荧光物(Sidot's blende)上时,会各自发出闪光。因此荧光屏可以用来做定量研究。通过数闪光数,研究人员实际上记录了 α 粒子的数量。于是,硫化锌屏幕一时间被广泛采用。[2]

由于 α、β 和 γ 射线与照相底片、荧光物以及电学仪器作用的机制不同,测量手段的选择决定了什么可以被记录下来,并影响着由所记录的数据得出的结论。实验的其他细节也可能干扰人们对实验结果的理解。

例如覆盖在照相底片上的纸或玻璃允许 β 和 γ 射线通过,却阻挡

了微弱的 α 射线。1901 年,当研究者将铀和钍从它们的 β 衰变物中分离出来时,他们没能发现铀和钍的放射性。于是威廉·克鲁克斯爵士、贝克勒耳、卢瑟福和索迪得出了这些元素没有放射性的错误结论。直到后来他们才明白铀和钍会放出 α 射线,由于 α 射线不能穿透早期实验中用来覆盖的纸或者玻璃,所以它没有被探测到。

测量的标准化

最初,各个实验室发展了自己的方法来测量放射性并标定制剂中的放射性物质的剂量。随着研究的扩展,选取一种普适的方法来比较这些测量变得越来越迫切。研究人员、医生和制造商需要知道一份样品中镭的确切数量,以便比较研究结果,给出处方剂量以及在国际市场上销售它。

通过比较样品释放出的射气的多少来比较样品的放射性,是一种流行的方法。另一种更加方便的做法需要测量镭制剂的 γ 辐射。这种方法避免了处理气体时的各种困难,并且由于 γ 射线可以穿透玻璃,所以样品可被安全地密封起来。镭和镭射气通常被选作标准,用来比较其他放射性物质。当新钍变得极具商业价值时,哈恩提出了自己的一套比较新钍制剂的标准,用以正确地为新钍定价。之后出现了其他的方法,用以衡量不放出 γ 射线的物质。

1910 年,10 位杰出的放射性科学研究者为发展一套放射性标准而齐聚比利时,他们是来自法国的玛丽·居里和德比耶纳,来自德国的盖特尔和哈恩,来自奥地利的斯特凡·迈尔和施魏德勒,来自英国的卢瑟福和索迪,来自加拿大的伊夫(Arthur S. Eve)以及来自美国的博尔特伍德。这就是国际镭标准委员会,他们商讨了方法、命名法以及最佳存储地等标准。他们决定将放射性基本测量单位命名为"居里",定义为与一克镭处于放射性平衡的射气的量。

为了开发一份标准数量的镭以供比较测量,玛丽·居里和原子量测量专家赫尼希施密特制备了一些提纯的氯化镭样品。委员会于1912年再次聚会,以比较这些样本。当发现居里夫人和赫尼希施密特的样品中镭的数量相吻合后,委员会决定(为表达对居里的尊重)采用居里夫人的样本作为国际标准。

居里夫人的21.99毫克氯化镭被密封在玻璃管中,并运送到位于巴黎附近的国际计量局。赫尼希施密特的一份样本留在维也纳作为第二标准。国际标准的创立促进了精确、可重复的工作在科学、医疗和工业界展开。委员会还为要求得到标准的政府安排了复制品。到1925年,复制的标准样本被保管在巴黎、布鲁塞尔、米德尔塞克斯(英国)、伦敦、华盛顿(哥伦比亚特区)、维也纳和柏林。

创　新

新的科学进步得益于19世纪仪器和科技的发展。电气研究因为世纪中叶的几项创新而得到巨大发展。这些创新包括:盖斯勒管、吕姆科夫感应线圈,还有施普伦格尔泵。实验中利用盖斯勒管发现了阴极射线和X射线,而盖斯勒管由施普伦格尔泵抽真空,并由吕姆科夫感应线圈驱动。对X射线的搜寻转而将贝克勒耳引向放射性的研究。摄影术——19世纪的另一项发明——成就了贝克勒耳的发现。

放射性研究者先从现成的工具着手。贝克勒耳用照相底片记录了自己的实验结果,他相信铀射线是一种光。居里夫妇和卢瑟福专注于放射性的电效应,他们用验电器和静电计进行研究。随着时间的推移,研究者们不断发展和改进他们的仪器和技术。他们将这些设备改造得更加方便实用,并且更适合记录放射效应。为了分析放射性,研究者用基于电学设备进行的实验所得到的电离和电传导理论将自己武装了起来。

新的领域很快启发了新的研究设备。硫化锌荧光屏首先被吉塞尔引入市场。它广泛应用于探测 α 射线,并于晚些时候用于通过观测 α

粒子发出的闪烁来记录 α 粒子。

闪烁镜(英文 spinthariscope 源自希腊单词"闪光"和"观察")是一种观测闪烁的方便工具。它是由克鲁克斯发明的,很快便成为一种流行的玩意儿。闪烁镜由一个一端是放大目镜,另一端是硫化锌屏幕的手持管子和少量的镭组成。当镭放射出的 α 粒子打在屏幕上时,它们便会发出闪烁,这些闪烁可以通过目镜观测并计数。

由于每个闪烁标志着单个 α 粒子的到达,这个能放进衣兜里的装置使得原子级的事件可直接用肉眼观察。它至少说服了一位著名的物理学家马赫(Ernst Mach)原子是真实存在的。[3]

后来研究人员用光电设备探测 α 粒子闪烁。在这些设备中由 α 粒子碰撞产生的光子,通过与光敏材料相互作用产生出电子。这些电子传播到一个电子测量装置从而被记录下来。在现代用来控制门开关的光电"眼"也是基于同样的原理。

通常的静电计很难探测到弱电离作用。盖革在 1908 年首先研制了计数装置,这成为除静电计外的另一个选择。这种设备经改造后可以计数 β 射线、γ 射线或者宇宙线。盖革和米勒(Walther Müller)于 1928 年开发出一个非常灵敏的原型,被称为盖革—米勒计数器。

查尔斯·汤姆森·里斯·威尔逊(Charles Thomson Rees Wilson,常被记作 C. T. R. Wilson)发明了一种新的设备来记录射线。由于这个装置基于和人工降雨中造云相同的原理,它又被称为"云室"。

云是由水蒸气凝结在大气颗粒上形成的水滴组成的。威尔逊于 1896 年开始在汤姆孙实验室研究云。他发现可以用 X 射线或铀射线电离气体来生成云。水蒸气在这些离子上凝结,从而沿着射线的路径形成云迹。为了使水蒸气凝结,必须给气体降温,威尔逊通过让气体在仪器内突然膨胀实现了这一目的。一束光使得这些云可见。1897 年,威尔逊通过观测他的云室中空气电离时生成的微滴得到了电子电荷的粗略数值。他假定每个带电粒子生成一颗微滴,用总电荷数除以微滴数就得到了单个粒子的电荷数。

威尔逊的研究在1911年开始受到公众瞩目,他发现单一的α或β粒子会生成一个微滴组成的路径,而这条路径可以拍照记录。这些轨迹生动地显示了电子和原子(或者类似α粒子那样的离子)不仅仅是方便的模型,它们是确实存在的客观物质。

通过运用云室,科学家能够追踪单个非可见粒子的运动。他们可以通过粒子的轨迹来测量它的射程并计算它的能量。云室中的轨迹可记录粒子间的碰撞,并提供它们的信息。20世纪20年代和30年代,云室在对宇宙线、核物理以及粒子物理的研究中发挥了巨大作用。

另一种记录粒子轨迹的方法是日本物理学家木下末吉(Suckichi Kinoshita)在1910年和德国物理学家赖因加努姆(Maximilian Reinganum)在1911年发明的。这些研究者证明α粒子会在照相底片的感光乳剂上留下印记。不久以后,新的感光乳剂使得更加精密的实验成为可能。在20世纪20年代和30年代,科学家们用照相底片记录了宇宙线粒子的踪迹。底片比起云室更加便于运输和使用,它们时刻都能用来记录事件,而云室则需要在每个粒子进入仪器时设定和重置设备。

除了用摄影术记录射线轨迹,科学家们还用这种方法来获得放置在照相底片上的放射性物体的影像。这些影像被称为"放射自显影"(autoradiograph)。放射自显影是放射性物体在底片或胶片上由自身辐射产生的影像。而放射线照片(radiograph)则是外部射线(比如X射线)打到物体上以后形成的物体阴影的图像。

第一张放射自显影是一个铀样品的影像,它将贝克勒耳引向了放射性研究。在20世纪20年代,医学和生物学研究者开始用放射自显影来显示注入到动植物组织中的放射性物质的分布。放射自显影成为理解不同物质在生物体中传输,以及在组织和器官的何处聚集的重要工具。研究者也用这种技术追踪当合金被加热、冷却或产生其他变化时,其中某种金属的迁移。有了这些信息,他们就可以对改进合金制造提出建议。

除了广泛使用和销售的器材,实验室的技师们还建造了其他对于研究放射性的实验者非常重要的复杂仪器。离开机械师、玻璃吹造师、演示员、实验室管理员以及其他助理人员的技能、创造性和坚忍不拔的精神,许多发明创造是不可能实现的。

尺寸、钱和机器

除了昂贵的放射性原料,早期研究对实验条件的要求其实很简单。科学家往往在传统实验室之外做出重要工作,比如在家,在野外,或者在贫困的环境中。种种趣闻,比如在小破屋里发现镭和钋,在维也纳的一所古董建筑中从事研究,迈特纳在柏林一个曾经是木工作坊的地方工作,卢瑟福用锡纸和咖啡罐临时凑合成实验材料的轶事,所有这些都成了传奇。据他的一个同事说,卢瑟福曾经声称他可以在北极做研究。[4]

在他于1919年搬到剑桥的卡文迪什实验室后,卢瑟福继续保持了他对临时拼凑的喜好。当匈牙利物理学家罗娜(Elizabeth Rona)第一次迈进他的实验室时,她注意到"器材看起来原始而简陋,是自制的"。相比四处散布的辐射污染,她最怕的是被低低悬挂的高压电线电死(图9.1)。在参观了同样著名的设备[科克罗夫特—沃尔顿粒子加速器(Cockcroft-Walton particle accelerator)]之后,一位记者描述说,它看起来像是用"橡皮泥、饼干罐,还有我猜是装糖的板条箱"做成的。[5]

尽管有这些传说,科学家们还是渴望获得先进的设备和器材。他们设计了精确而灵敏的装置,购买他们能负担得起的最好的工具。昂贵的器材,比如用来研究射线的强电磁体和用来液化放射性气体的低温装置,让它们的主人在研究中占据了有利地位。吉塞尔从一开始就加工各种设备,虽然他的科研生涯不长,却作出了重要贡献。麦吉尔大学用它最先进的实验设施引诱卢瑟福,而后来剑桥大学则凭借它著名的卡文迪什实验室将卢瑟福诱惑到麾下。居里夫妇一直在敦促改善设施。埃尔斯特和盖特尔没法负担更大的研究中心,便集中精力去探索

图 9.1 卢瑟福在 20 世纪 20 年代早期的实验室。承蒙剑桥大学图书馆理事会惠允，MS. Add. 7653；PA336。

那些可以在室外和家庭实验室研究的问题。

能够在这样小的规模下探索科学的日子已经不多了。甚至在第一次世界大战之前，大型实验室就已在研究领域占据了统治地位，尽管体量较小的实验室仍然在做着开创性的工作。到了 20 世纪 20 年代，金钱和资源在国家层面变得越发集中了。

随着放射性研究逐渐演化为核物理学，研究的规模也发生了惊人的变化。到 20 世纪 30 年代，位于柏林、罗马和伯克利的研究中心发展壮大。民族主义持续刺激着科研工作，将它引向恶性竞争的歧途。第二次世界大战以及之后的"冷战"提升了人们在研究上下的赌注和科研的规模。向着没有最大只有更大方向发展的物理学，导致了庞大的粒子加速器和天文数字般的花费。这个进程最终在 20 世纪末的美国，随着超导超级对撞机计划在 1993 年的流产而达到了极限。然而，这并不是超大规模机器发展的终结。位于日内瓦的欧洲核子研究中心（CERN）的大型强子对撞机于 2009 年开机运行，它有着长达 27 千米的地下环形通道用以加速粒子。

第十章

放射性、医疗、生命

我们总是徒手拿样品，并用我们的手指搅和它们。

——哈恩，1968 年

对好奇的科学家来说，作出新发现这种挑战本身所具有的吸引力简直无法抗拒。他们不需要更多理由去探索放射性。而随着满怀进取心的科学家开始展望放射性的应用前景，他们便用更加实用主义的目标来激励科研。这其中最引人瞩目的是放射性的医学潜力。

令人不快的意外消息

放射性会对生物造成影响的蛛丝马迹最先出现于它被发现的几年后。1900 年吉塞尔借了 1/5 克镭给他的朋友瓦尔科夫（Friedrich O. Walkoff）。后者是位牙医，想要研究镭对人体产生的影响。瓦尔科夫首先拿自己做了实验。暴露在镭下 40 分钟以后，他手臂上的皮肤变得红肿。更糟的是，这个症状并没有迅速消除。之后吉塞尔也用自己的手臂做了实验。他将镭放在上面两个小时。结果他的皮肤不仅变红了,更长的曝光时间甚至让它剥落。当吉塞尔把一份镭样品寄给光谱学家龙格(Carl Runge)时,他警告后者小心镭的"最令人不快的生理学作用……哪怕接触到[手上皮肤]的是极微剂量"。[1]

在得知这些结论以后,皮埃尔·居里将一份镭样品放在他的胳膊上长达10个小时。这次努力的结果是一个内部组织坏死的伤口。居里的同事亨利·贝克勒耳在不经意中加入了用自己的身体做实验的行列。他将一份镭样品放在了马甲口袋里,这使他留下了一个痛苦的烙印。"我爱它[镭],但我对它心怀怨恨。"[2]他宣称。其他充满好奇心的人们也不得不接受镭的灼伤。

从烧伤到治疗

如果镭能够烧伤或杀死皮肤组织,或许它也能用来摧毁肿瘤。X射线已开始被用来治疗癌症,因为它对迅速增生的肿瘤细胞的破坏速度大于对正常细胞的破坏速度。急于为战胜这种致命灾祸寻找新武器的医生们将镭纳入到他们的武器库中。由此产生了放射医疗这一领域,又被称为"居里疗法"。

比起X射线,放射源有一个重要的优势。它们可以方便地做成胶囊,并埋入到身体内,而那些巨大的X射线机器无法触及这些地方。这些源作用的范围可以被严格限制,从而能够有效地控制对健康组织的破坏。由于病人只需要少量的照射,寿命较短且比较便宜的放射性元素(比如新钍)可以用来替代镭。钍和镭的固态衰变产物(放射性沉淀物)也被采用。

放射性材料可以直接作用于病变组织上,也可以更安全地密封在玻璃管中。玻璃管可放置在皮肤上或者身体内部。对于深层的癌症,临床医学家采用了可以插入肿瘤的玻璃细管和鹅毛管。尽管癌症是镭疗法最优先的目标,皮肤病、狼疮,还有关节炎也是流行的治疗对象。一些医师和信誉不佳的从业者试图用镭去治疗一切疾病(图10.1)。

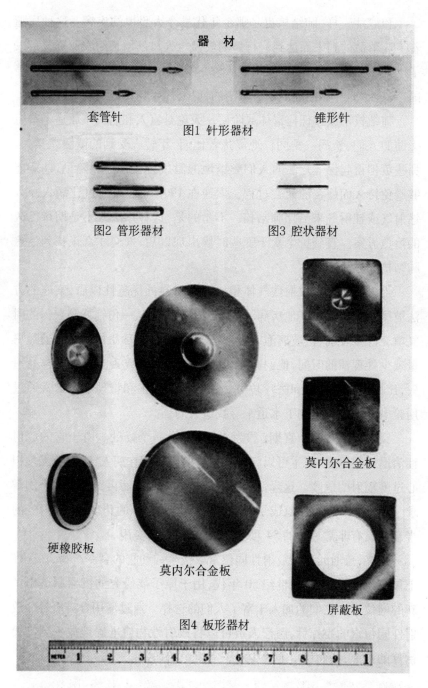

器 材

套管针　　　　　　　　　　　锥形针

图1 针形器材

图2 管形器材　　　　　　图3 腔状器材

莫内尔合金板

硬橡胶板

莫内尔合金板

屏蔽板

图4 板形器材

图 10.1　镭疗法所用到的器材。引自《镭》（*Radium*）〔Brussels：Radium Belge（Union Minière du Haut Katanga），1925〕，opp. p. 27。

　　和癌症一样,肺结核也是那个年代最令人恐惧的疾病。这种病随着工业革命的到来而达到流行病的规模。人口的增长给农业资源带来了巨大压力,这促使许多农村工人移居到城市以进入工厂工作。在美国,来自欧洲的移民潮加剧了城市的拥挤,使疾病得以迅速传播。

　　肺结核不放过任何群体或阶层。无论是富人和名门望族还是贫穷无助的人们,疾病一视同仁地侵扰着他们,年轻人受到的威胁尤其大。那些负担得起保守疗法的人们频繁地泡温泉并住在疗养院里,期望能够避免持久而痛苦的死亡过程。索迪在1903年建议通过让病人吸入镭射气或钍射气来治疗肺结核。不幸的是,这种疗法并不是期待已久的治愈方案。直到抗生素于晚些时候出现以后,人们才真正找到治愈肺结核的方法。

　　当人们意识到放射性气体相比固态材料的优越性以后,索迪的方法被用来治疗许多其他疾病。医疗机构可以用从一份镭样品获得的射气填充许多玻璃管、玻璃泡或者针管,而不必放弃珍贵的样品。通过尽量减少处理镭的时间,他们减少了因为偶然破坏或丢弃造成的样品遗失,比如不小心把它和医疗垃圾一起扔掉。医生和物理学家常常通过用验电器搜寻垃圾和下水道来寻找遗失的镭。

　　镭射气的短暂半衰期(约为4天)有另一个好处。由于它的放射性消退得很迅速,医生可以将含有射气的细管留在病人体内,而无须担心过度辐射的危险。这降低了为把细管取出体外而再做一次手术的需求。到1920年左右,氡成了医生治疗时优先选择的药剂。(钍射气的半衰期只有非常短暂的54秒左右,这让它很不实用。)

　　最终,普通元素的放射性同位素取代了镭和它的衰变产物,在医疗上被广泛使用。在20世纪50年代,用于原子能研究的机器制造出了新的同位素。它们的加入丰富了人们的选择。通过使用含有短寿命放射性同位素的小探针,医疗人员可以将放射性物质准确地放置到需要治疗的点上,从而尽可能减少对正常组织的伤害。

射线和其他生命体

一些研究者用动物来做实验,这些动物很快被辐射伤害甚至杀死。微生物对镭射线也有反应,这取决于具体的环境,它们或受到伤害,或受到刺激而生长。尽管辐射可以杀死细菌,但它并非治疗细菌感染的理想手段,因为射线也会杀死健康组织。自 20 世纪 50 年代开始,辐射的杀菌效应被用于为食物灭菌。这一工序充满争议。[3] 尽管在消除细菌方面十分有效,但高能射线也会引起遗传物质和其他蛋白质的改变。由于摄入这些变性食品的长期效应不明确,许多人反对承担这一风险。

在用镭射线烧伤了手臂以后,吉塞尔改用植物来做实验。曝光在镭下的叶子失去了它们健康的绿色而变得枯黄。显然,辐射可以杀死植物细胞。另一方面,实验者证明小剂量的辐射可以刺激植物生长。顿时,镭和铀的工业废料成了肥料制造商的宝贝。除了会促进生长和催熟外,诸如"radioactive manures"(放射性肥料)、法国的"engrais radioactifs"(放射肥)、德国的"Radioaktin"这样的产品使作物产量增加、对天气及其他灾害的抵抗力增强的新闻也被反复报道。

如果辐射对植物和其他生物有益,那么为什么它不能对人体有好处呢? 也许放射性的刺激效应可以改善健康状况。最初,辐射确实会增加红细胞的产量。这种效应会改善一个人的气色,增加精力,也会造成表面上健康的印象。抱着治愈各种疾病的期望,一些医生把镭或氡的溶液注射到病人身上,或者开出这类混合剂的处方让病人服用。由于人们对相关原理的理解非常模糊,又缺乏经验性的治疗或评估标准,镭疗法极易成为伪科学和江湖骗子招摇撞骗的手段。

神奇的疗法?

20 世纪早期,在大众的心里,癌症是谜一样的事物。像一个看不见的魔鬼,癌症摧毁着受害者的健康,而他们的家人和医生只能束手旁观。能够治愈这种可怕疾病的允诺刺激着公众的想象,并助推了大众对镭的狂热。

镭迅速从治疗癌症的手段演变成为全能的处方和神奇的、能够包治百病的灵丹妙药。绝望的病人和慢性病患者将他们的希望寄托在这种新的神奇药物上。为满足这一需求,制造商们生产专利药物,并用洗漱用品比如牙膏和化妆品来扩展市场,所有这些产品都宣称含有镭。这些大都是虚假宣传,但它们中的一些确实含有镭,因而对使用者的健康是有害的。几乎没有人意识到,这种神奇的元素会危害健康,并恰恰会引发他们最害怕的疾病。

放射性温泉浴

在19世纪和20世纪早期,温泉疗养极其流行。这些温泉开发自因治疗效果而闻名的水源。医疗专家日复一日地为慢性病人开出温泉疗法的处方。温泉也是度假和政治与商业社交的理想目的地。

水疗这项传统历史悠久,分布广泛。在欧洲,许多温泉可以追溯到古罗马时代。《新约》中就提到了耶路撒冷的毕士大池(《约翰福音》第5章)。爱尔兰的田野中也遍布着充满传奇色彩的圣井。印度的恒河据说有治愈的效果。美洲原住民用新大陆的泉水治疗自己。仅在美国,就散布着数以百计的以神奇疗效闻名的泉水和井水。

在20世纪早期从自然界寻找放射性物质的热潮中,研究者们探测了不同水体的放射性。两位意大利物理学家,塞拉(Alfonso Sella)和波凯蒂诺(Alfredo Pochettino)于1902年探测到穿过某水体的气体具有放射性。汤姆孙在次年从自来水中获得了相同的结论。他还从井水中发现了放射性气体。几位研究者判定这种气体是镭射气。

镭射气在世界各地的泉水和井水中均有发现,其中不乏著名的温泉疗养地,如英国的巴斯、德国的巴登－巴登以及阿肯色州的温泉城。

一些温泉浴场的水体也含有镭。许多研究放射性的新人致力于寻找放射性水体。

对放射性水体的寻找也吸引了成熟的研究者。皮埃尔·居里和拉博德测试了法国和奥地利的 19 个温泉水样品。其中多数具有放射性。环境放射性研究的先锋埃尔斯特和盖特尔发现巴登－巴登泉水的沉积物具有放射性。

矿泉水因其具有的治疗作用长期以来备受追捧，然而医生们并不能很好地解释它们的功效。尽管一些人认为所谓的治疗只是心理作用而非水体有什么特殊之处，水疗依然在 19 世纪和 20 世纪早期的诊疗中居于主要地位。它们的神奇功效是否部分得益于放射性呢？这种想法出现在科学家和医生的头脑中。尽管未被证实，放射性治疗的声望强化了水疗的传奇色彩。盛名在外的浴场骄傲地宣称自己的水有放射性。圣约阿希姆斯塔尔——其附近的沥青铀矿揭示了镭元素的存在——成了提供放射性沐浴的水疗小镇。

一个不同寻常的例子发生在俄克拉何马州东北和堪萨斯州东南一带，在那里**镭**和**治疗**这两个词联系得如此紧密，以至于当地的浴场不再假装水体里含有镭，而是直接用"镭水"来做广告。在 20 世纪的头 10 年里，寻求健康的人们为了用一种被当地人称为"镭水"的富含硫磺的矿泉水做治疗，从全美国甚至全世界赶赴这里。这一称谓与其说是为了诠释水的化学成分，不如说是为了强调它的治疗功效。[4]

镭水并非源自某个古老的源头，而是来自一次对石油和天然气的不成功的发掘。1903 年，在印第安人保留地（后来的俄克拉何马州东北）新钻的一口井喷出一股恶臭的水。这种水能使房屋上的油漆脱落，使金属变黑。可在分析了喷洒而出的水的成分以后，这一令人失望的产物变成了发财的机会。人们发现，水中除了含有让人产生种种不快感受的硫化氢以外，还有许多被认为有治疗效用的矿物质。

富于进取心的商人们建造了澡堂，在克莱尔莫尔市逐渐形成了名为"镭镇"的区域。这项生意扩展到了俄克拉何马州东北和堪萨斯州东南部地区的其他小镇。镭水使得克莱尔莫尔早在她心爱的儿子——喜剧演员罗杰斯（Will Rogers）成名前就已闻名遐迩。而罗杰斯也对他第二故乡的支柱产业不吝赞美之词（图10.2）。

图 10.2　镭镇。感谢《克莱尔莫尔每日进程》（*Claremore Daily Progress*）提供照片。

尽管当地人一度认为水里并不含镭，20 世纪 50 年代的检测却显示镭的确存在于水中。从那时起浴场生意开始走向萧条，因其恰逢人们越来越担忧镭对健康的潜在危害。具有讽刺意味的是，发现镭水的确含有镭对生意非但没有帮助，反而还拖了后腿。

新的医药上的进步，以及社会和文化的变迁让水疗热潮走向衰落。新的疗法加上对电离辐射危害的认识，使得镭作为包治百病的灵丹妙药成为历史。绝大多数的镭水疗法、含镭补药和其他流行一时的镭制品销声匿迹了；但是用人工放射性同位素取代镭之后的放射疗法，作为治疗癌症的主要手段之一留存了下来。

在一些地方，例如在圣约阿希姆斯塔尔（现在以捷克文 Jáchymov 为名）和落基山脉，用放射性水体进行的治疗延续到了 21 世纪。在奥地利阿尔卑斯山脉的巴德加施泰因，天然产生的氡气作为药物被兜售。

这些疗法的拥护者常常引用低剂量辐射有益健康的研究来作为例证。这种观念在欧洲比在美国更加流行。在美国，官方的看法是任何剂量的辐射都不能确保是安全的。对这个问题的研究的意义曾引起广泛的争论。

实验室里的危险

尽管放射性因其治疗潜力而受到赞誉，但它却会对从事相关工作的人的健康造成损害。除了引发灼伤和皮肤损害外，辐射也会对人的眼睛、神经、肺部、肝脏、骨骼及造血骨髓造成伤害，甚至夺去了一些研究者的生命。由于辐射造成的伤害常常需要几年时间才会显现，最初没有人知道这些危害。身体上可见的损伤被视为无关紧要的小烦扰，属于从事科学研究的代价。

科学家们徒手拿放射性制剂，并把容器丢进垃圾堆里。他们在弥漫着氡的封闭房间里一待就是几个小时，要么就把放射性样品放在他们的口袋里或行李箱里跑来跑去。一些人用镭演示焰色实验，这样就把放射性颗粒扩散到了实验室或讲堂的每个角落。迈特纳和哈恩则把一板条箱的铀盐放在他们的工作台下面。

装着镭或钋的玻璃器皿偶尔会爆炸，这类事故危害到实验者的安全，造成贵重材料的流失并污染环境。α粒子是罪魁祸首，玻璃在它们的轰击下变得脆弱。它们还会将容器里的水蒸气分解为易燃的氢和氧的混合气体。假以时日，密封容器里的压力就会变得危险并引发爆炸。

尤其是居里夫妇，他们是操作放射性物质的勇者，不愿承认放射性会引发严重的健康问题。在研究工作的早期，居里夫妇怀疑他们的工作在损害他们的健康。在1903年经历过流产之痛的打击后，玛丽·居里担心是她的工作夺去了婴儿的生命。在获得诺贝尔奖之后的数月里，居里夫妇感到身体越来越不适，并被消极情绪所折磨。他们的手指有神经痛，并伴随持久的疲劳感。他们的女儿在1904年的诞生并没有给玛丽和皮埃尔带来意料之中的喜悦感,因为他们感到衰老和疲惫。他们并不认为是健康出了问题,而将这些现象归于过度劳累。

到了20世纪30年代,玛丽·居里因为辐射造成的视网膜损坏和白内障几乎失明。实验室里的工作人员也生了病,其中一位[科泰勒(Sonia Cotelle),娘家姓斯洛博金(Slobodkine)]死于一次与钋相关的事故。一些前实验室工作人员和同事也有类似的结局。1925年,居里夫人与他人合作向法国医学协会提交了一份为工业界推荐安全守则的报告。安全措施也写入了居里实验室的规章里。尽管如此,居里夫人仍不愿相信辐射在她的实验室里引发了持续的病痛,也没有采取果断措施来保护自己的健康。虽然她私下曾表达过自己的疑虑,但她拒绝把辐射当作引发慢性病的罪魁祸首,也没有据此对实验室守则进行大的改动。

与她早期的禁欲主义相一致,居里夫人由衷地相信痛苦是推动科学进步所要付出的代价。某种程度上,玛丽·居里走在她童年时期接受的宗教教育中的圣人和殉道者所走的路上,但怀着不同的终极目标。她童年时期的偶像们追求脱离俗世纷争,全身心地追求通向圣洁的纯净心灵。居里夫人的目标则是脱离日常琐事,全身心地追求通向科学真理的纯科学。这两条道路都需要承受苦难。

虽然研究人员不愿为了自己的安全采取防范措施,但他们或许会为了实验而这样做。放射性气体的衰变产物会迅速污染整个实验室,这让收集有用的数据成为不可能。例如,一位研究人员莱斯利(May Leslie)在1909年的记录中说,玛丽·居里工作的房间辐射很强。[5]伊夫为了避开卢瑟福在麦吉尔大学实验室中无处不在的辐射物质,躲在自己家里进行测量。迈特纳和哈恩非常愉快地从他们具有放射性的木工作坊搬到了新成立的威廉皇帝研究所,并定下了严格的标准以避免辐射污染。

即使在认识到放射性物质泄露会破坏实验后,许多研究者仍然满不在乎。巴黎的镭研究所被污染了个遍。而在维也纳研究所里,赫尼希施密特习惯于用手摇动镭溶液的那个房间也未能幸免。最终，维也纳镭研究所里的研究人员不得不去另一栋房子继续他们的研究。贝克勒耳、玛丽·居里，还有威廉·克鲁克斯爵士的笔记本在一个世纪以后依然具有放射性。

因辐射受伤甚至死亡的科学家名单有长长一串。斯特凡·迈尔因为被镭伤害了手指而放弃了古提琴。哈恩的手指也被辐射所伤。物理学家布劳（Marietta Blau）的手和眼睛因为她在维也纳实验室工作时所遭到的辐射伤害而饱受折磨。吉塞尔（他吸入的氡浓度高得足以触发验电器）、赫尼希施密特、施魏德勒，还有德比耶纳都死于肺癌。海韦西也死于癌症。玛丽·居里和她的女儿伊雷娜死于辐射引起的血液疾病，弗雷德里克·约里奥因为从事钋的研究而得了致命的肝硬化。科泰勒的悲剧在前文已有所描述。其他的牺牲者包括巴黎实验室的夏米（Catherine Chamié）和佩赖，还有不可胜数的在铀矿、镭工业、镭治疗领域工作的人们。这份并不全面的名单展示了早期研究者所面临的危险。[6]

巴黎和维也纳的实验室遭受的辐射致死事件远多于其他研究机构。造成这个结果的原因之一或许是，这些研究所的工作更多地涉及分离和提纯放射性物质，以及其他需要工人操作放射性化合物的化学操作。这类化学工作，不同于用买来的放射性物质进行的物理研究，使得工人有更多机会暴露在放射性物质之下甚至吸入它们。对于所从事的化学研究，巴黎和维也纳的实验室有着得天独厚的地理条件。因为比起其他实验室，它们能更方便地获得镭。居里实验室对钋也进行了广泛的研究，现在我们知道这种物质对人体尤其危险。

尽管任何人稍加留意，都可看到危险的警报信号，但在20世纪的头20年，大多数人无视这些警告或者轻视它们。早在1905年，一位法国镭临床医学家便死于辐射。为什么他的死亡，以及后来发生的大量事故和可疑的疾病没有促使人们共同采取安全措施呢？

首先，由于辐射造成的后果通常需要过一段时间才会显现，人们容易认为问题是无关紧要的或者暂时的。辐射致死被认为是由个别人的不当操作造成的偶然事故,而不是系统性问题。第二,这是一个全新的领域,私人和公共的研究机构分散于各个国家,任何能够获取放射性物质的人都有研究和使用它的自由。这使得能够被普遍接受的、用以控制放射性物质危险和滥用的标准与规章制度难以形成。第三,出版物常常就辐射到底是有害或有益健康发表互相矛盾的结论。之所以出现这一现象,一方面是因为整个研究系统对辐射会造成伤害这一事实持抗拒态度,另一方面是因为缺乏受控的标准化研究。最后,人们的希望和野心串通起来,使得他们对危险视而不见。某种禁欲主义也是帮凶,最引人瞩目的例子要数玛丽·居里,但它普遍存在于研究放射性的先驱者中。哈恩在20世纪60年代受访时强调,"现在这种危险[从事与放射性物质相关的工作]被夸大了……我对那些大惊小怪的人总是持怀疑态度。"[7]

对于科学家来说,不确定的恐惧无法抑制他们从一个几乎每月都能带来惊喜的、新的研究领域所获得的兴奋感。犹豫可能会减慢对于他们职业发展至关重要的工作进度。更糟糕的是,它可能会阻止一项新的发现,或者推迟一个紧急医疗方法的进展。医学从业者和许多实业家(他们中一些人的亲属身患癌症,亲人的病痛或死亡激励着他们)迫切想要帮助他们绝望的病人。放射性作为治疗手段的前景让这个领域的先驱者们对它的阴暗面视而不见。科学家、医生,还有实业家会发现,要承认他们不知不觉中造成的损害是件困难的事。经济利益也让一些人倾向于相信他们的产品是安全的。

一些辐射作用,比如皮肤问题还有其他可疑的迹象是如此普遍和众所周知,以至于在20世纪的第二个10年,大多数个人和机构都采取了基本的安全措施。尽管以现在的眼光来看这种防范是不够的,但铅屏蔽被广泛采用。一些公司限制他们的员工接触放射性物质,并改善了工作环境的通风系统。直到20世纪二三十年代,国际镭标准委员会发布了测量标准以及有关辐射效应的更多数据可资利用以后,专业人员才开始执行更加严格的准则来确保辐射安全。

第十一章

新产业

没有纯粹的幸事。

——贺拉斯,《颂诗》(*Odes*)

早期的产业

最初,镭几乎只用来进行科学研究。由于这种物质非常稀少,只有那些社会关系优越,或者资金充裕的人才能够得到它。德国化学家吉塞尔和居里夫妇为他们的同行提供镭。通过用溴化物取代居里夫妇用的氯化物,吉塞尔大大缩减了制备镭所需要的时间。应用这一独特的技术,他从 1902 年开始,通过他的雇主布克勒公司将镭推向了市场,这家公司位于德国不伦瑞克,是一家奎宁制造商。除此之外,吉塞尔也制造不纯的钍。德汉所拥有的、坐落于汉诺威的一家德国公司也于 1899 年开始出售镭。在此之前,他们曾向吉塞尔供应材料。

1899 年,皮埃尔·居里和德比耶纳与化学品中央协会合作,利用有限的资源筹备放射性材料的工业化生产。实业家德利勒(Armet de Lisle)在自己位于巴黎近郊的工厂为居里夫妇提供资金和场所,以使他们能够生产更多的镭。为了满足医生逐渐增长的需求,他的工厂于1904 年开始商业化生产。一家汉堡的公司用马克瓦尔德的方法生产钋。

这种朝气蓬勃的势头因为奥地利政府抬高沥青铀矿的价格而被打断,它准备自己处理矿产。镭的价格也随之迅速飙升,让许多研究人员无法承受。德国的工厂也无法再生产钋。为了保护自己那些正被非科学目的浪费的矿藏,或许也是希望囤积居奇,奥地利在 1903 年晚些时候禁止了沥青铀矿的出口(只有居里夫妇享有例外)。

索迪惊愕不已,并草率地得出结论。"你知道吗,"他对卢瑟福写道,"我有个狡猾的怀疑,居里……获得了对约阿希姆斯塔尔矿(也是镭的唯一可用的来源)的垄断,去他的。奥地利政府关闭了矿渣的供应……德国人写信告诉我说矿渣不会有了。"[1]

虽然奥地利科学家可以得到本国的沥青铀矿,但他们需要一种提取镭的途径,此时奥地利政府尚处在为生产做筹划的阶段。于是奥地利科学院筹划在韦尔斯巴赫的灯具厂精炼 1 万千克沥青铀矿渣。这位著名的化学家创建了一家蒸蒸日上的工厂,生产用于增强煤气灯效果的装置(用钍制作的白热罩)。在 1907 年左右,奥地利政府在圣约阿希姆斯塔尔完成了镭工厂的建设。美国的投资者们也利用本国矿藏做起了生意。

受挫于无法获取沥青铀矿这一困境,德国应用物理化学协会在1907 年建议在奥地利建立一所放射性研究所。这一研究机构将允许奥地利在控制它的矿藏的同时,使得外国的科学家能够从事研究。这个计划于 1910 年在富有的捐赠者的帮助下得以实施。

新钍(后来被称为新钍 I)也在工业界变得重要起来,它为无法获取沥青铀矿的德国制造商提供了替代品。作为钍提取过程中的一种副产品,新钍的化学性质和镭相似,但半衰期要短得多。由于生产新钍比生产镭的成本要低得多,制造商们往往用它作为镭的替代品。它的放射性持续的时间远不及镭,所以纯的新钍试剂在数年后即会明显弱化。

商业化的新钍含有镭则表现得更好。几年后科学家认识到新钍 I 是镭的同位素，它有着和镭相同的化学性质，不同的原子量（即 ^{228}Ra；首先发现的镭同位素是 ^{226}Ra）。

新钍首先在德国进入市场，这为它赢得了带有嘲讽意味的绰号"德国镭"。哈恩曾经向化学家克内夫勒（Oskar Knöfler）建言生产新钍，以缓解医疗界对镭的迅速膨胀的渴望，后者拥有位于柏林的世界最大的钍制造公司。克内夫勒的公司以及韦尔斯巴赫在奥地利的白炽灯公司也将新钍卖给发光漆制造商。1911 年，法国—巴西工业矿产协会在玛丽·居里和德比耶纳的指导下开始生产新钍。[2]

激增的需求和新的研究所

自 1789 年首次被发现以来，铀的主要工业用途是为玻璃和陶瓷釉上色。菲斯塔（Fiesta）陶器（一种亮橙色的陶器）和凡士林玻璃（一种黄色带绿色荧光的玻璃）是这类产品在 20 世纪常见的例子。约从 1910 年开始，受到医疗尤其是癌症治疗的驱动，社会上形成了对镭及其母体核素铀的巨大需求。顿时，铀的身价飙升。

由于无法获得奥地利的矿藏，企业家将目光转向了其他来源。他们在英格兰西南的康沃尔、葡萄牙、挪威、中亚地区、德国、马达加斯加、日本、锡兰（斯里兰卡的旧称）、澳大利亚等多个地区开采铀矿。到 1910 年左右，美国开始销售钒钾铀矿，一种于 1899 年在科罗拉多首先被发现和认定的铀矿。

由于制备镭的早期商业化尝试失败了，美国人把他们大部分的矿石运到欧洲加工。在犹他州和科罗拉多州，钒钾铀矿矿床分布广泛并相对容易开采，这让美国很快成了世界上最大的铀供应方。"科罗拉多州和犹他州的矿床正由于外国人的开采而迅速损耗，"矿业局警告说，"看来发展工业以把镭留在美国几乎成了出于爱国主义的责任。"[3] 在意识到他们的矿藏在资助外国工业以后，美国政府于 1914 年试图将所有新矿井国有化,但未获成功。那时有几家美国国内的企业在生产镭。

随着需求的不断增加,镭变得异常昂贵。其价格从1904年的每克2500美元增长到了1913年的每克120 000美元。私人捐赠者、科学家和政府机构均介入其中,他们通过资助专门的放射性研究机构来支持科研。在此领域,各个国家之间竞争的暗流在这些研究机构的建筑物和体制结构上体现了出来。

它们中的第一个,位于维也纳的镭研究所成立于1910年。它的成立得益于律师和工业家库佩尔韦塞尔(Karl Kupelwieser)的慷慨和远见。由于担忧地看到大自然对奥地利的馈赠——沥青铀矿这一珍宝被出口到国外,而奥地利物理学家却买不起从这一矿藏中提炼出的镭,库佩尔韦塞尔向维也纳科学院捐赠了一笔巨款(500 000奥地利旧金币)用于建造研究镭的大楼。[4]

在德国,一系列由工业界和政府资助的科研机构正在规划中。它们中最早的一个——威廉皇帝化学研究所成立于1912年。哈恩领导了该研究所中一个小规模的放射性研究部门。1913年,迈特纳得到了和哈恩同级的官方职位,于是放射性研究部门便非正式地以哈恩—迈特纳实验室为名。

波兰科学院在华沙建立了放射性实验室。规划者曾希望用实验室的领导职位诱使他们国家闻名遐迩的女儿回到波兰。玛丽·居里在她对所热爱的祖国和对在法国的实验室的责任间难以取舍。她最终同意接受这一领导职位,但将实验室的管理委托给她的波兰助手达内什和韦尔滕斯泰恩(Ludwig Wertenstein)。居里夫人于1913年出席了实验室的正式开幕式。

皮埃尔·居里对现代实验室的梦想终于在1914年镭研究所成立时变为了现实。这个由巴黎大学和巴斯德研究所联合资助的研究所由两个实验室组成:将由玛丽·居里领导的放射性实验室,和将由勒戈(Claude Regaud)领导的生物与医疗实验室。尽管不止一个人认为居里夫人和居里向往已久的实验室完全可以由其他人来设计,玛丽·居里却亲自参与到建筑的设计中。她饶有兴致地在两栋研究所建筑中加入了一个花园,这也是对她一生钟爱自然的最好注解。

数周后,还没等玛丽·居里将她的设备搬到新建筑里去,德国就入侵了法国。居里夫人在接下来的几年中花费了大量的时间征用、设计、安装和操作用于诊断伤势的固定和移动式 X 射线机,以此来支援法国军队。

除了用作科研的实验室外,镭研究所也被用来贮存医疗所需的稀有元素。英国和美国在第一次世界大战之前就成立了以医学研究为目的的研究所。战后,类似的镭治疗中心分布远达蒙特利尔和圣彼得堡。

战争中欧洲客户把通常花在镭上的钱用在了军事上,这让美国的工业饱受折磨。在美国军方开始订购用镭制造的发光漆以后,生意有了暂时的改善。制造商们大量生产,结果却发现供过于求。在毁灭性的战争结束以后,海外的订单依然无法消化存货。

1922 年,新的供货商发起了挑战。对于美国的镭制造商来说时机不可能更糟糕了。1913 年和 1915 年,在中非一个当时被称为比属刚果的地方发现了富铀矿。比利时矿业协会的工厂,坐落于安特卫普附近的奥伦,于 1922 年开始加工当地的沥青铀矿(图 11.1)。与它们受限于低品质矿藏的美国同行相比,比利时的工厂可以生产更多的镭。当美国进入大萧条时期后,受累于对放射性材料无利可图的囤积,美国企业无法与后来者竞争。到了 1923 年,比利时生产的镭充斥市场,造成镭的价格跌到了每克 70 000 美元,世界上其他地区的镭工业因此被挤垮。

到了 1932 年,一个新的竞争者加入了进来。生产商开始从高品质的加拿大沥青铀矿提取镭。互为竞争者的加拿大和比利时商人决定展开合作。他们瓜分了镭的市场以避免竞争,并于 1938 年将镭的价格定为每克 40 000 美元。

图 11.1 20 世纪 20 年代早期,用来提纯镭的结晶桶。引自《镭》[Brussels: Radium Belge (Union Minière du Haut Katanga), 1925], opp. p. 2。

黑暗中的发光漆

除了医疗上的应用,镭的另一个重要工业用途是生产磷光体构成的发光漆。这些漆开发于 19 世纪,当时的企业家希望用比蜡烛、弧光灯或煤气灯更方便有效的方式照亮夜空。磷光体是一种在被照亮(或用其他方式激发)后可以在黑暗中发光的物质。含有磷光体的涂料发出的光的强度太弱,不堪大用,但它们在钟表的刻度盘、指南针、标志以及装饰和新奇的玩意儿上非常流行。由于磷光体通常不发热,它们很经济高效。可是它们发出的"冷光"有一个致命的弱点:随着时间的流逝而消退。为了使它整晚发光,必须对之反复激发。用另一种光源来完成这个任务,则违背了人们开发磷光体的初衷。

放射性给出了应对之策。1897 年,俄国圣彼得堡大学的物理教授博尔格曼(Ivan I. Borgman)发现放射性物质会让磷光体发光。数年后

（1902 年），吉塞尔发现被称为"Sidot's blende"的硫化锌晶体在被 α 射线照射后会发出强光。1903 年，威廉·克鲁克斯爵士、埃尔斯特和盖特尔分别独立地发现，屏幕上的磷光是由许多分离的闪光（闪烁）构成的。

多数研究者将辐射对磷光屏的作用视为揭示射线本质的线索。有几个人认识到这为延长磷光指明了一条道路。如果把镭加入到磷光漆中，所得到的产品或许会无限期地发光下去。这是因为镭将持续数千年提供发光所需的能量。

事实上含有镭的磷光漆无法持续那样长久，这是因为强大的辐射最终会破坏磷光体。但是老练的生产商制造出了可以工作许多年的涂料。吉塞尔的公司于 1906 年开始生产含有镭的发光漆。其他人也纷纷效仿。他们有时利用新钍（后来被称为新钍Ⅰ）、放射性钍以及这些放射性元素和镭的混合物作为相对廉价的替代品。

第一次世界大战期间，由于冲突双方的军队对发光的开关、瞄具、手表以及仪器刻度的需求，磷光漆企业日渐昌盛。发光漆也被用在标志、记号、浮标，甚至士兵的衣领上。有了这些便利，部队可以灵活地调遣而不会因为使用强光源而暴露位置。在美国，位于新泽西州的镭发光材料公司（后来的美国镭公司）是当时最大的发光表盘供应商。

指针和数字用含镭涂料镶边的钟表在平民中也变得流行起来，这推动了战后的工业发展。在 1925 年，大约有 110 家企业从美国镭公司进口涂料。康涅狄格州、纽约州以及伊利诺伊州的钟表制造商是主要的客户。表盘刷漆是份令人艳羡的工作。因为它不要求繁重的体力劳动，不用置身于高温、刺激性烟气或者危险的机械之中。妇女往往能得到这些职位，雇主认为她们最适宜从事精细的需要用心的工作。

新 的 毒 药

在 20 世纪 20 年代，许多在这些工厂里工作的工人得了奇怪的疾病。疲惫和全身不适往往发展为下颚组织的坏死和罕见的癌症。一些表盘刷漆工和医生怀疑这些疾病与工人从事的工作有关。雇主则否认其中有任何关联。

随着越来越多的表盘刷漆工罹患慢性病，与职业相关的证据链浮出水面。可能的致病因素源自用嘴和嘴唇整理刷毛的技术。每当刷漆工将刷子含在嘴唇之间，她便会吞下一丁点放射性涂料。将这些放射性涂料吞入体内会大大增加辐射对她的照射时间。涂料中的镭会在刷漆女工的骨骼中积累。这是因为镭与钙的化学性质近似，而钙是构成骨骼结构的成分。被身体吸收的镭放射出 α 粒子，这些粒子从内部逐渐破坏了可怜的刷漆工的身体。她们中的许多人死于可怕而痛苦的疾病，其他幸免于难者则被毁容或致残。

镭也让化学家勒芒（Edwin Lemen）和美国镭公司的创始人索霍基（Sabin von Sochocky）死于非命。勒芒的遗孀和一些刷漆工向公司提起诉讼。媒体对这些诉讼大肆报道，唤起了公众对这些受害女工深切的同情，她们往往正当青春年少就被病魔击倒。1928 年，经过在法庭上冗长的争斗，美国镭公司同意向它的部分死伤员工进行赔偿。其他的公司则忙于应对指向自己的诉讼，或与原告达成庭外和解。

用嘴唇将刷子舔尖的操作于 20 世纪 20 年代中期被终止，这降低了从业者的死亡率。其他镭中毒的来源则没有同样快地被根除。工人们仍在吸入弥漫在表盘绘制车间里的氡气和涂料粉尘。放射性灰尘和碎片污染了他们的头发和衣服。制造商往往忽略打扫工作环境的忠告。除了辐射病和直接的组织坏死以外，癌症开始在表盘刷漆工和其他暴露在辐射物之下的工人中浮现。直到几十年之后，足够严谨的用于保护工人的安全措施才得以强制执行。

20 世纪 20 年代，含有镭的专利药和偏方也开始暴露出问题来。一份美国农业部化学局发表于 1922 年的报告显示，多数"放射性"矿泉水并不含镭，因此也没有相应的医疗价值。1926 年的一份跟进报告分析了专利药、化妆品以及其他宣称含镭的制品。仅有 5% 的被测产品含有所谓"治疗级"剂量的镭。不知情的顾客被企业家欺骗了，这些企业家中有的自身也受到误导，有些则道德败坏。行业里充斥着虚假广告，生产商通过销售不含镭的"镭"产品谋取利润。

被骗的顾客是幸运的。到了 20 世纪 20 年代末，摄入镭的危险性渐渐清楚起来。尽管早期的研究将健康的风险指向辐射，这些报告仅仅引发了工作流程上微不足道的改动。表盘刷漆工的诉讼广为流传，使得人们再也无法忽视辐射的风险。另一个众所周知的镭中毒事件和一种叫做"Radiothor"的补药有关，这种药水含有镭和新钍两种物质。Radiothor 在 20 世纪 20 年代进入市场，并在上流社会流行开来。这种产品在 1932 年造成一位杰出的美国社会名流患病并随后死亡。打这以后它就变得令人生疑。同年，美国医疗协会撤回了镭作为内用药的许可。

对放射性危害的新认识没有马上体现在日常生活中，人们仍旧将辐射视为有益的。镭稀有而神秘，它既可以增强又可以损害健康，像一柄双刃剑那样富有诱惑力。接着到了 20 世纪 30 年代，镭的长期效应因为接触放射性材料的科学家的早夭而开始浮现出来。铀矿的矿工也有着不同寻常的肺癌发病率。尽管如此，大众对放射性的整体印象依旧是正面的。

裂变、炸弹和铀热潮

1938 年，化学家哈恩和施特拉斯曼在柏林宣布，在一些实验中，铀产生了一种更轻的元素——钡。他们并没有预见到这一结果，但对钡的产生十分确定。他们团队中的物理学家迈特纳逃到了瑞典以躲避纳粹。迈特纳的侄子弗里施（Otto Frisch）也是一位物理学家。当迈特纳收到消息时弗里施恰好来拜访她。他们俩成功解释了实验所观测到的现象。铀原子核分裂成了两部分，并释放出大量能量。

弗里施借用生物学家形容细胞分裂的词"裂变"来命名这种反应。

一些科学家马上意识到，在适宜的条件下，裂变会成为一个自维持的反应过程。这个过程可以无限期持续下去。通过建造一台机器或反应炉来控制这个过程，人类社会将获得一种新的、可持续利用的能源服务于工业和用来发电。另一方面，通过发展一种激发非受控裂变反应的方法，人们可以将一种大规模毁灭武器——原子弹——加入到武器库中。

这种武器在地缘政治上显而易见的意义让德国、法国、英国和美国着手开展驾驭核能的秘密项目。德国正走在武力扩张领土的路上。其他国家则认为拥有顶级物理学家和教育系统的德国在发展核能方面占据优势，并将利用原子武器推进自己的民族主义诉求。由于官僚主义的障碍以及科学上的误判，德国没有成功。美国名为曼哈顿工程的项目匆匆上马，在 1945 年结出了硕果。在新墨西哥州测试过铀弹以后，这个工程生产的原子弹于 8 月在日本爆炸。这加速了战争的结束并震惊了世界。

原子弹彻底粉碎了物理学可以远离政治的传统思想。它们的爆炸在日本造成了意想不到的大规模破坏和死亡，并引起人们对世界前景的广泛担忧。人们普遍认为这一事件开创了新的纪元，即原子时代。关于在日本使用原子弹，以及更普遍性的原子武器道德合理性的争论一直持续到了今天。

自从 1945 年那决定性的核爆之后，镭在公众心目中的形象成了不祥的代名词。相关部门对处理和存放放射性物质的地方逐渐实施了更加严格的安全规章。辐射在环境中的出现，比如核弹实验后降落的粉尘和室内的氡气成了大众关心的话题。

在战后这段时期，美国为了应对来自拥有核武器的苏联的潜在威胁，开始大量囤积核弹。到了 20 世纪 50 年代，"冷战"达到高潮。这一相互不信任的时期以间谍、保密、挖防空洞，还有狂热的搜寻叛徒为标志。联邦政府大力促进铀矿勘查，并仅允许将铀出售给新成立的美国原子能委员会（AEC）。

狂热的冒险家们蜂拥至科罗拉多高原，希望一夜暴富。这个边远地区的人口迅速膨胀。新的产业蓬勃发展，以容纳因为勘探热而涌入的人流和资金流。当地质学家和其他人在思考如何定位铀矿的时候，石油企业登场了。

放射性和石油工业

在 20 世纪早期，研究者发现石油矿床有微弱的放射性。在德国的弗赖堡物理研究所，特劳本贝格发现石油会迅速吸收他称之为"放射气"的物质。为跟进这一观察，研究所的主任希姆施泰特（Franz Himstedt）检查了石油样品，发现它们具有放射性。在大西洋的另一边，多伦多大学的伯顿（Eli F. Burton）在石油中探测到了放射性气体。研究人员随后确认，这种气体是镭射气。另一些人观察到氦常常与石油矿床伴生。镭射气和氦都是镭的衰变产物。显而易见，石油中有着镭的蛛丝马迹。

人们对石油的放射性原本仅仅停留在好奇的阶段。直到 20 世纪 50 年代寻找铀成为美国的国家要务，这一情况才有所改变。既然石油可以蕴藏镭，那么或许铀也能在石油矿床附近被找到。勘探家和地质学家用盖革计数器来寻找放射性矿物，以此方法地毯式地寻找"油田"。他们分析含有铀的岩石和地质构造，并提出能够使放射性元素在石油矿床富集的物理和化学反应。一时间，石油看上去就像是铀矿床的标志。

这些希望很快便落空了。根据石油的位置来寻找铀被证明不是一个有效率的方法。尽管含油岩层和其他碳氢化合物矿床常常含有一些镭和铀，铀矿床通常却并不在油贮区附近。一个地球化学过程能够解释为什么含油物质中能够找到少量铀和镭。

反之，利用放射性来寻找石油的方法也乏善可陈。由于放射性物质在地壳中广泛分布，发现放射性并不意味着石油就在附近。对放射性的探测和氦的分布地图只有在结合其他勘探方法时才最有效。

石油不是放射性元素经济上可行的来源。与此相反,在炼油过程中获得的放射性物质对石油产业造成了额外的问题和成本。它们被当作危险的废料,而非利润的来源。

尽管一些幸运而执着的企业家在20世纪50年代成功找到了有市场价值的铀矿,繁荣也仅是昙花一现。在核弹被制造并堆积起来以后,铀在市场中达到饱和,泡沫随之破裂。美国原子能委员会将关注点转移到了核能上,但健康和安全的顾虑使这个产业在20世纪80年代深受打击。21世纪早期的能源紧缺为核能打开了窗口。核能产业要想取得成功,就得找到解决成本上的不利因素、安全风险以及废料处理等问题的途径。

第三部分

故 事 之 外

人间之事扑朔迷离,除非把它们视为一个不可分割的整体。

——据称是汤因比(Arnold Toynbee)所言

如何把放射性的历史融入到科学研究和人类改变自然的大历史中? 我们通过回顾这段历史又能学到些什么?

有许多因素影响了放射性的历史。一些因素是特定年代和特定地区科学的一部分,而另一些则可以追溯到人类历史的开端。许多因素时至今日仍然在影响着科学研究。

放射性可以通过已有的理解物理世界的常识概念来理解,并受其影响。人类学会了如何质疑大自然,所得到的那些经过慎重考虑的答案也在与时俱进,但是,某些特征始终没变。

除了科学方面,放射性还唤醒了人类对未来的憧憬,以及为之奋斗的精神,这种憧憬和奋斗自从有史料记载以来一直在促进人类的各种活动。即使我们不能得出结论说这种驱动是与生俱来的,它们至少也是长久以来人类遗产的一部分。本书的最后一部分介绍那些引导放射性发展的驱动力,并且探究长期存在的问题、模型和人类内心的愿望是如何塑造这段历史的。

第十二章

放射性的原动力

……是人类天才的发现,而不是工具的简单优化,让我们在广阔的未知大陆上开辟了一片新天地。

——达姆(H. J. W. Dam),1896 年

我们拜金又奢侈的社会不清楚科学的价值。

——玛丽·居里,1923 年

是什么创造了新领域并且推动它向前发展呢? 它是如何延续,并且不断变革的呢? 作为一门科学,有许多因素影响了放射性的发展。智力、个人、专业、社会、文化、技术、政治和经济的影响,促进、阻碍和改变了这门新科学。

技术、资源和专业的进步

放射性的发现有赖于真空技术和电气技术的进步,这些进步使得实验者能够研究高真空下的放电现象。电学研究方法和实验设备,特

别是验电器,对于放射性的迅速发展至关重要。其他新实验设备和测量方法,以及由高明的实验室技师制造的各种仪器促进了这个领域的发展。

研究人员需要科研经费来获取放射性材料,镭由于特别稀缺,所以它的使用十分有限。传统学科的改变、新研究机构和新学术杂志的出现促进了这一新兴的、发展迅猛的研究方向。这些影响因素已经在第一、二部分讨论过了。

杰 出 人 物

放射性的研究领域是由多位杰出的科学家开辟的。他们的好奇心、毅力、进取心和创造力推动了这一新兴学科的发展,并且使它在很短的时间内趋于成熟。充满热情而又精力充沛的卢瑟福、聪明又有创造力的索迪、公正严谨的皮埃尔·居里、美丽而又意志坚定的玛丽·居里,确认、分析、创立并优化了这一新兴学科。虽然他们鼓励团队合作,但是诸如居里夫人、卢瑟福和斯特凡·迈尔等优秀的个人仍然继续统治着这门学科并且推动它不断向前发展,一直到20世纪20年代甚至更久。

这些先驱者十分热爱自己的工作。放射性是"一个优美的研究课题",卢瑟福对居里夫人如是说。[1] 居里夫人热情地与同事们分享放射性分离的技术细节,丝毫没有察觉到他们的厌倦。埃尔斯特和盖特尔很享受科学研究带来的乐趣,吉塞尔在业余时间依然坚持做实验,威廉·H·布拉格由于发现某些问题具有无法抗拒的吸引力而改变了研究方向,居里夫妇端详着发光的镭感到十分开心。这些仅仅是科学家对他们所从事的工作十分着迷的一些例证。没有这些充满热情的杰出科学家的领导,这一新兴学科不可能蓬勃发展。

科 研 团 队

大多数科学家并不是孤军作战,而是从属于某个学术团体。居里夫妇参加了一个联系紧密的知识分子团体,团体成员不光研究自然科学,还致力于多个学科的研究,比如数学、文学还有哲学。皮埃尔·居里去世后,玛丽·居里接任了他的职位。在德比耶纳的协助下,她建立了一个实验室,吸引了来自全球发达国家的学生和高级研究人员加盟。

无论在哪里,卢瑟福都能凭借自己的领导能力和研究热情创建一个研究团队。他的学生来自世界各地,并且作出了许多重要贡献。索迪在格拉斯哥大学指导学生多年。不过,他的兴趣最终由放射性研究转向了与经济和社会相关的问题。

非常热心且很好相处的迈尔身后有大批忠实的追随者。他提倡同事之间要相互鼓励和合作。"所里的科研氛围特别好,我们好像一家人一样。"罗娜如是说。[2]

在这些实验室里,科学家们建立了终生的友谊和学术联系。女性科研人员彼此之间更是相互鼓励,因为她们在刚刚向女性开放的研究领域里是少数群体。在 20 世纪早期,随着法律不再禁止女性接受教育,有越来越多的女性开始攻读高级学位。她们中的许多人获得了在放射性研究中心学习的机会。

科学理想和文化

19 世纪和 20 世纪之交的自然科学被普遍认为是客观和公正的,这在当时那个饱受政治和主观主义荼毒的世界是一个高贵的例外。理想的科学家追求真理,不顾及个人利益或政治考量。"无私"这个词也许是居里夫人对他人的最高评价。当居里夫妇拒绝通过申请镭的专利而获利的时候,他们正是在有意识地遵循这一原则。他们在工业方面和基金资助方面的各项活动也都是为了支持放射性研究,而不是为了个人的好处。也是基于同样的精神,许多实验室主任很乐意接收来自世界各地的、各个阶层的有志之士。理想的科学是一场国际化的冒险。

客观独立的科学观,以及广泛的针对公平与平等的文化运动,为非传统学生走向学术生涯创造了一个更佳的氛围,特别是女性学生。渐渐地,欧洲和美国的大学向女性敞开了大门。

社会主义和实证主义的观念激励了年轻的玛丽·居里,并促使她离开祖国波兰来到更活跃的巴黎。这种观念在欧洲已经得到了广泛的传播。维也纳是一个历史悠久的国际化城市,自1897年起就已经允许女性上维也纳大学了。在维也纳,一场激烈的社会主义运动正在开展。在1919年短暂地夺取全国政权后,社会民主党一直掌控维也纳政府到1934年。男女平等(包括教育平等和求职平等)的社会主义计划影响了维也纳的文化,为有志于科学的女性创造了一个充满希望的环境。知名学者,比如实证主义哲学家马赫、物理学家玻尔兹曼和埃克斯纳都支持女性接受高等教育并以科学为职业。

导师和模范

彼时,居里夫人已经成为家喻户晓的科学名人,年轻女性以科学为职变得更容易了。在少数领域和大学里,女性已经找到了乐于接受她们,甚至鼓励支持她们的导师。植物学和天文学自19世纪末已经开始接受女性学生,但是除了发光和光谱学外,物理学仍然是男性的领地。

如今,放射性这个新领域由于专业界限比较模糊,是一个可供女性选择的研究方向。大约从1900年起,有越来越多的女性进入实验室。迈尔1916年关于放射性的著名教科书上列出了26位发表过文章的女科学家;1927年的第二版更是列出了79位之多。他摒弃了称呼女性的传统称谓,例如"小姐"或"夫人","因为[在1916年]女性从事科学研究已经不足为奇了。"[3]

女性学生主要来自英国、法国、欧洲内陆和北美。无论是女学生还是男学生,首选的实验室有居里实验室、位于维也纳的迈尔实验室和曼彻斯特的卢瑟福实验室。

有志学者的职业前景有赖于他们的导师。在 20 世纪初,教授可以拒绝女学生上课或者加入他们的实验室。即使当大学正式向女性开放之后,保守的教授也可能制造各种困难。彼时"性别歧视"不仅理所当然,甚至压根就没这个词,因此找到有同情心的教授是女学生成功的关键。

这些乐于助人的科学家虽然分散在多个地区,但是,值得庆幸的是放射性主要研究中心的领导者都是这类人。玛丽·居里在她位于巴黎的实验室中接收了多位女性研究人员,她们在实验室里受玛丽的一位和善的同事德比耶纳指导。他是一位不爱出风头的杰出化学家,最初是被皮埃尔·居里带入这个领域的。他与皮埃尔·居里一道与原子嬗变的发现失之交臂。在皮埃尔·居里去世后,他执笔撰写了关于放射性起因和机制的预见性猜想。当德比耶纳退休的时候,若干女性科学家接替了他的领导工作。玛丽·居里的女儿伊雷娜·居里就是其中之一。她的科研工作十分出色,并获得了诺贝尔物理学奖。

在蒙特利尔的麦吉尔大学,卢瑟福指导了他的第一个女研究生:布鲁克斯。尽管文化当中依然存在对女性的偏见,但是卢瑟福坦诚、热情地支持女性研究人员。许多女性研究人员在他位于麦吉尔和曼彻斯特的实验室里都作出了重要贡献。

在放射性研究领域指导最多女性研究人员的纪录属于斯特凡·迈尔。学生和同事都对迈尔的热情、善良、友善以及在研究工作方面帮助初学者的强烈愿望赞誉有加。在他漫长的职业生涯中,数十位女性通过了维也纳镭研究所的学位答辩。其中一些人只是为了获取一纸文凭和教学资格而短暂停留,另一些人则在这一领域开创了属于自己的职业生涯。后来,据报道迈尔的女儿阿加特·迈尔 - 罗森奎斯特(Agathe Meyer-Rosenquist)和她的父亲合作研究了核结构方面的一些问题。[4]

迈尔和他年长的同事埃克斯纳、玻尔兹曼的个人信念,以及有利的政治和文化环境为女性在维也纳镭研究所提供了一个受欢迎和支持的地方。这一幸福时光在纳粹 1938 年吞并奥地利之后结束了。全体奥地利人都不得不受制于德国人的罪恶种族政策。迈尔由于具有部分犹太血统,不可避免地被迫辞职。其他遭受威胁的人或者拒绝配合纳粹的人则辞职或被开除。留下来的女性不得不面对明显歧视她们的政治组织;纳粹不支持女性从事家务之外的工作。迈尔的学生卡利克(Bertha Karlik)接过了他的管理工作,但直到 1945 年二战结束后才被任命为所长。

与女性研究人员合作的其他导师还有:格拉斯哥和牛津的索迪,剑桥的汤姆孙,柏林的马克瓦尔德、哈恩和迈特纳,维也纳和布拉格的赫尼希施密特,哥本哈根的海韦西,卡尔斯鲁厄的法扬斯。特立独行、反抗传统的索迪没有太多学生,但是他信奉男女平等。索迪与多位女科学家发表合作论文,包括他的夫人威妮弗雷德(Winifred),她在妇女参政运动中表现积极。[5]

人们可以预料,玛丽·居里会接受女性到她的实验室,因为她已经在男性主导的行业中建立了自己的领地。对于卢瑟福和迈尔来说,充分的自信使他们并未感觉到来自能力突出的女性同事的威胁。大体上,放射性的出现缓和了学术界普遍存在的某些偏见。在这个新领域,领导者在创造新传统,而不是被传统所禁锢。

虽然玛丽·居里是一位知名的公众人物,但她并不是放射性研究中唯一重要的女性模范。奥地利物理学家迈特纳恰好比居里夫人年轻 11 岁整。她于 1906 年在柏林获得博士学位,之后就开始了 β 射线方面的研究,这是她成果丰硕和持续终身的放射性(后来是核物理)研究生涯的开端。在两次世界大战的间隙,许多女性科学家在柏林物理与化学研究所任职,包括利伯(Clara Lieber),一位来自美国的化学家,她参与了发现核裂变的实验。

在找到研究导师之前,家庭的支持是科学家成长的关键因素。父母指导、鼓励并且资助他们的子女追求理想。居里夫人的父母是教育工作者，他们期望自己的子女同样优秀。迈特纳成长于一个有教养的维也纳中产阶级家庭，当她为了职业目标而求学时，得到了家里的经济支持。作为一位老师，卢瑟福的母亲对他的教育十分用心。如果没有这些来自家庭的支持，大部分学生不可能追求科研事业。

年龄、态度和雄心壮志

对于年轻的研究人员和其他想在新兴领域留下痕迹的研究人员来说，放射性是一个令人兴奋的研究课题。他们甚至可以通过发现新元素的方式名传千古。这个领域充满了做出原创性工作，甚至获得重要发现的机会，而无须顾虑那些成熟领域带来的技术和专业包袱。学生们汇集到巴黎、维也纳和曼彻斯特。其他的去往小一点的研究中心，如柏林、慕尼黑、格拉斯哥和华沙。一些人是为了开启或者推动自身的科学事业，其他人则只想在一个宜人的环境里完成学位要求。

正如新的思想、艺术和宗教常常产生于文化的十字路口那样，放射性的学科交叉特征激发了创造性思维。作为一个跨过传统边界的新兴科研领域，放射性特别吸引年轻人。当研究人员不断创造想法、方法和材料时，在想法和路线方面罕有先例可循反倒是一大优势。

主要的研究人员也不全是年轻人。思想灵活和乐于接受新想法是最重要的素质。例如，威廉·H·布拉格人到中年才开始做科研。缺乏经验对他来说是个优点，因为相比大部分同龄人，他花在某些特定的理论和模型上的时间比较少。

地位和成功对大多数研究人员来说都是非常重要的。在那些开拓者当中，卢瑟福雄心勃勃，索迪和玛丽·居里渴望获得专业的认可。竞争促使研究人员更努力、更快地工作，既是为了他们的团队，也是为了个人的荣誉。竞争体现了一种民族主义精神，英国人、法国人和奥地利人的研究组为了做出最快和最好的研究而互相竞争。

民 族 主 义

19 世纪,民族主义在欧洲成为一股强势力量,部分动机便是外贸、工业和资源方面与日俱增的竞争。这个因素驱动了 20 世纪的大部分历史,放射性也不能置身事外。变化的政治氛围加剧了民族利益和超然而国际化的理想科学之间潜在的紧张关系。

主流媒体把这些事件看作国家竞争,无视个体科学家的动因。贝克勒耳和居里的发现成了法国人的骄傲,卢瑟福的发现是加拿大和英国的荣耀,迈尔和施魏德勒的发现是奥地利人的光荣。法国、英国、奥地利和德国的研究者奋力抢夺发现的优先权和世界第一的地位。一位物理学家 1921 年的一篇短文的标题《放射性研究进展中的各国之贡献》(The Part Played by Different Countries in the Development of the Science of Radioactivity)表明,这种非正式的记录表是一个区分放射性成绩的恰当方式。[6]

玛丽·居里(遵循存在多年的命名元素的传统方式)将她的第一个发现按照波兰的名称命名为 polonium(钋),而她的学生佩赖随后按法国的名称将另一个新元素命名为 francium(钫)。各个国家一方面争夺稀缺的放射性资源,另一方面努力提高本国的工业生产力。放射性的研究所按照国别而建,这样既可以加强影响力又可以提高经济效益。

一些科学家已经认识到不同国家在科学风格方面的不同,这些不同的根源便是思考方式的不同。这些分析既有宣传作用,又有启发作用,因为支持者通常会找到理由来喜欢属于自己民族的风格。民族差异的概括虽然作为一个初级近似是有用的,但是在现实中有许多例外。

尽管 20 世纪之前就已经存在竞争的概念,但是跨越国界的国际合作是第一次世界大战前的规则。美国企业家卡内基(Andrew Carnegie)资助玛丽·居里和索迪的实验室。放射性研究的领导者毫无偏见地欢迎来自遥远地区的学生(不过,玛丽·居里更偏爱波兰学生)。科学家们以"不关心政治"为荣,几十年之后的纳粹统治时期这一做法将会被认为是自私的。

第一次世界大战爆发之后,民族主义者公开反对独立、客观的科研思想,因为这种思想凌驾于琐碎的个人顾虑和党派政治之上。93位著名德国学者签署了一份富有争议的宣言,以此来支持他们的祖国。他们在德国之外的许多同事都感到吃惊和失望。从他们的观点可知,签字者已经把国际主义理想抛弃,进而信奉狭隘的沙文主义。

协约国也同样采取行动来反对他们新界定的敌人。例如,国际原子量委员会拒绝接受德国会员,这迫使他们成立了德国委员会。若干具有日耳曼血统的英国科学家屡遭骚扰,被迫辞职。对立情绪在英吉利海峡两岸燃烧。

后来,胜利者通过分裂奥匈帝国,沿着民族分界线重新绘制了欧洲版图。奥匈帝国是曾经盛极一时的多种文化交融的神圣罗马帝国的遗迹。第一次世界大战和它的余波加剧了旧仇恨又制造了新矛盾,为日后的第二次世界大战埋下了祸根。迈尔在1920年对当时的处境极其愤怒:"战争期间,我们与波西米亚、波兰和其他新的国家保持和平友好;但是战后它们被树立成了新的敌人。"[7]

尽管民族主义泛滥,但是科学友谊依然在战争压力之下存活。战争期间,索迪邮寄了一份铅样品到维也纳,这样赫尼希施密特便可以确定铅的原子质量。劳森(Robert W. Lawson)曾经在维也纳镭研究所度过了一段相对轻松的时光,在那里(在两次短暂的拘捕之后),由于迈尔的干预,他得以不受干扰地继续从事科学研究。迈尔证实卢瑟福也有类似的行为,他允许迈尔的同胞继续留在英格兰。[8]

在1914年战争爆发的时候,卢瑟福的学生查德威克很不幸就在柏林物理技术研究所,当时他正与盖革合作。因为盖革自己已经被预备队传唤,所以他不能保护查德威克。因此,查德威克被当作敌国国民逮捕,入狱4年之久。不过,查德威克具有一定程度的自由,具体地讲,允许他出于科学研究的目的离开监狱。他充分利用了这段艰难时期,报告说:"我们正在制造、租赁和买各种实验设备。"与其他几位狱友一道,查德威克组织了一次学术研讨会,搭建了一间实验室,然后废寝忘食地做实验。1918年,他给卢瑟福写信说,他已经拜访了几位著名的科学家,他们"乐意帮助并且同意借给我们他们拥有的任何东西。实际上,很多人都借给了我们实验设备"。⁹

战争期间通信可以跨越敌对国边界,不仅可以传递信件和口头报告,甚至可以传送钍铅样本。这些事实证明了科学家之间的国际主义精神的力量。一位频繁相助的中间人就是荷兰物理学家昂内斯(Heike Kammerlingh Onnes),他以低温研究闻名。诺贝尔奖委员会将1919年的化学奖授予哈伯(Fritz Haber),以支持科学理想,尽管他曾参与过德国的毒气战项目。

战后,迈尔写信给卢瑟福说:"我们相信你们对我们的感情,就像我们对你们的一样,不会因为环境的癫狂而受伤。"在残酷的《凡尔赛条约》之后那段艰辛的岁月,当饥饿威胁着战败方时,迈尔努力向玛丽·居里位于波兰的家人寄送食物。¹⁰1921年,卢瑟福从英国皇家学会获得基金,用于购买迈尔在战前借给他的镭,以便帮助迈尔那财政紧缺的镭研究所。

虽然放射性研究人员在战后恢复了大部分学术联系和通信,但是痛苦的感情依然徘徊于心。例如,玛丽·居里对那些签署1914年宣言的德国人十分冷漠。有好多年,她不接受德国人申请她研究所的职位。法国物理学家不想邀请德国科学家参加国际学术会议,而且德国和它的同盟国奥地利也不是成立于1919年的国际研究理事会的会员。两年后,卢瑟福告诉海韦西,他访问英格兰还为时尚早。¹¹对于德国人来说,许多德国科学家拒绝参加专业学术会议。1926年,他们对参加理事会的邀请视而不见。

尽管科学的国际合作价值观受到了伤害,但是许多科学家把这次战争看成是与科学无关的事件,并且希望研究和学术交流早日回归正常。荷兰人通过劝说几位德国科学家出席1922年的一个会议,实现了破冰之旅。[12]德国人和他们以前的敌人之间的合作逐渐增多,特别是与英国和美国的合作。法国因为曾于 1870 年被德国打败,所以对这种改变的环境很难适应。

20 世纪 30 年代,政治现实超越了科学理想。就像他们的大部分同胞那样,德国科学家不能或是不愿意有效地团结起来抵制第三帝国。纳粹党的狂热分子宣扬德国文化和"雅利安科学"的优越性,并且试图清除异己分子创造的科学和艺术。各个民族不顾及科学的联系,或是结盟或是敌视彼此,使纯粹的、无党派的科学理想彻底破灭。为了国家利益而进行的秘密研究,被狭隘地用于政治和军事目的,取代了为造福全人类而使信息自由共享的美好理想。民族主义随着世界走向另一场灾难性的战争而日趋癫狂。放射性的继任者——核物理,既是民族主义的受益者又是可悲的战争工具。

第十三章

放射性和永存的问题
——探索未知

日光之下，并无新事。

——《圣经·传道书》第 1 章第 9 节（*Ecclesiastes* 1:9）

人类对于未知感到焦虑。无论是在神话和传奇里，还是在模型和理论里，人类一直致力于将未知融入到已知当中，以期能够预言、判断亦或掌控周围的世界。为此，人类采用的方法有：类比旧事物、寻求共同点或者构建类似物。

放射性作为一门科学，它的发展证明了这些方法的有效性。人们试着将这些新现象与熟悉的研究模式匹配起来，而且利用它来解答关于宇宙本质的基本问题。

这些新产生的问题和大胆的回答照亮了世纪之交物理学中的重要疑问。它们也揭示了更多令人普遍关心的问题。关于宇宙如何运作以及实在的哲学基础的永恒追问，成为了新科学的一部分。这些包括如下思想：变化、连续性以及物质和能量。

由于放射性是在特定的时间和地点进入历史的，人们试图将它融

合到科学的世界观之中。当时的科学理论和模型成为解释放射性的原

放射性的模型和理论

理解新现象的常见方法是类比法,比如,X 射线和可见光类似,或者放射性看起来很像磷光现象。从这些类比出发,科学家就可作出猜想;例如,X 射线是光的一种形式,或者放射性是磷光的一种特殊形式。

猜想通常都有可经实验者检验的结论。如果 X 射线是一种光,它应该可以反射、折射和衍射。如果放射性是一种磷光现象,它应该需要一个激发源。如果实验证实了某一假设,那么它就会发展成一个更完整的理论。

有些时候,科学家会为了更好地理解某个现象而创造出新模型。这些模型可以是实体装置,但更常见的是基于熟悉的物理过程或图像而构建的物理思想。这些模型也可能是抽象的东西,譬如一个适用于多种现象的数学函数。

当一个理论是建立在某个物理表述之上时,**模型**和**理论**这两个术语通常来讲可以通用。有关光的两个模型(或曰理论)就是熟知的"波动模型"和"粒子模型"。模型有助于科学家想象问题,而且通常会有能被实验检验的效应。例如,如果光是一种波动,那么当它穿过狭缝时,应该会发生衍射。

物理学家利用许多物理和数学模型以及许多其他理论来解释放射性,这些理论借鉴了磷光现象、数学理论、电磁理论、热力学、动理学理论、化学和天文学。因为放射性发现所处的特定阶段,它首先被拿来和磷光现象比较。后来,虽然磷光的基本原理表明这种比较不成立,但其部分理念仍为物理学家所用。某些外界因素导致蜕变的建议使大家回想起了一个触发模型,这一模型是由德国物理学家勒纳为磷光现象构建的。有些研究论文认为原子内部的温度是导致放射性的原因,这与

另一位德国物理学家维德曼提出的理论相似,他为解释磷光和荧光现象提出了发光温度的概念。[1]

物理学家应用数学上的指数函数来定量地研究磷光和荧光的衰变,以及用它来描述热过程,化学家则用它来描述单个分子的变化。这个函数与放射性物质的衰变和再生曲线吻合得非常好。基于卢瑟福和索迪的突破性工作,指数模型成为了放射性理论的核心。

19世纪物理学的最高成就属于麦克斯韦的电磁理论和热力学理论。科学家试图将这些令人印象深刻的理论应用到放射性研究中。电磁理论是猜测放射性根源的现成理论,不管是导致辐射的外因(未知的外因导致辐射)还是内因(消耗内部能量产生辐射)。因为研究者为了测量和分析放射性而搭建的实验设备都是基于电磁学原理,所以寻求电磁学解释是很自然的事情。

任何关于放射性的理论都应该符合热力学的基本要求。研究者不明白放射性能量的来源,不明白如何把镭的现象与成熟的热力学定律相调和。内化于心的热力学原理促使研究人员注重测量镭释放的热量。测量结果令科学家愕然,使得他们将注意力转向了镭的能量来源之谜。皮埃尔·居里利用热力学描述放射性中的能量交换,他相信这是构造放射性理论的唯一合理方式。热力学和相关的气体动理论后来为放射性的随机性提供了模型。

某些化学家尝试通过类比分子分裂过程、分子各部分重新组合或者氧化现象来解释放射性。所有这些模型都失败了,因为放射性根本就不是一个化学过程。与化学现象不同,放射性不受温度、压强、日照、浓度、溶液或其他环境因素的影响。

20世纪初,一些科学家将太阳系的行星模型应用于原子研究。在这些原子模型中,粒子(往往是电子)围绕一个很重的物体旋转,就像行星绕着太阳公转一样。为了解释放射性,科学家假设某些原子变得不稳定,然后爆炸,以各种方式释放电子、α粒子和电磁能量。

随着时间推移,科学家把放射性的来源限定到了原子内部越来越深的区域,一直到最新确认的原子核。截至第一次世界大战之前,研究人员正在从两个不同的区域来思考原子:原子核和核外物质。这个模型是以地球和大气层为原型的。但是,没有模型能解释那个终极的奥秘:为什么某些特定的原子爆炸,而其他的不爆炸? 对于这个问题,科学家只能以含糊的、凭空想象的猜想作答。

放射性的发展规律

放射性的发展遵从自然科学发展的一般规律。首先,当有意想不到的事情出现时,科学家会尝试应用熟悉的观点和图像去理解新现象。如果这些努力失败的话,他们最终会更改已有的假设,然后创造出新的观点。

铀的反常行为令科学家迷惑。他们尝试把测量结果和熟悉的现象匹配起来,例如磷光现象和化学变化。当这些尝试失败后,科学家就开始寻找其他解释。进一步的研究和发现导致了新观点和新问题的出现。到20世纪30年代,放射性和其他方面的进步已经使得物理学和化学与1896年大为不同。

许多因素导致了这个领域的进步。放射性的魅力吸引了研究人员的注意,并使他们成为第一批研究放射性的科学家。他们把铀能量和射线的来源作为科学难题,试图理解它们。很快,其他诱因又出现了。放射性成了一种供医疗和其他科研领域所用的工具。消费品和军事用品的大量生产拓展了放射性材料的市场。放射性的商业潜力吸引了财政支持和更多的研究人员。镭和其他放射性物质成为受到高度追捧的商品。

对放射性的医疗和经济潜力的热情促进了这个领域的成长。如果没有社会和财政的支持,这个新学科不会发展得这么快。然而,这些因素似乎并没有影响产自当时的科学思想和科学现实的放射性理论的内容。

随着放射性的发展,这些思想和现实产生了一个有趣的模式。新科学的发展历程中出现了次数非同寻常的同时发现和功亏一篑的工作,常常导致优先权的争论和苦恼。汤普森和贝克勒耳都发现了铀的肉眼不可见的放射性。吉塞尔、斯特凡·迈尔和施魏德勒、贝克勒耳都证明β射线在磁场中会改变轨迹。吉塞尔发现了镭和锕,但是玛丽·居里和德比耶纳首先到达终点。施密特和玛丽·居里都探测到了钍的放射性。马克瓦尔德发现了玛丽·居里曾经命名的钋,而埃尔斯特和盖特尔、吉塞尔、霍夫曼、施特劳斯发现了放射性铅。埃尔斯特和盖特尔、哈恩、布兰克发现了放射性钍。

卢瑟福—索迪与居里—德比耶纳团队研究放射性元素和衰变产物的时候,分别报道了相似的发现。博尔特伍德、哈恩和马克瓦尔德都发现了钍230。斯特伦霍尔姆、斯韦德贝里和索迪意识到了同位素的概念,索迪、法扬斯、罗素和海韦西将射线的种类与产物的化学属性联系了起来。

在1914年,赫尼希施密特和霍罗威茨、理查兹和伦贝特,还有玛丽·居里都发现了铅的一种同位素,验证了嬗变理论的一个重要预言。战争期间,迈特纳和哈恩跟踪锕的母体核素镤,之后不久索迪和克兰斯顿(John Cranston)报道了相似的结果。类似的例子比比皆是。

同时发现在科学研究中并不罕见。当人们经过相似的训练、应用相似的假设、采用相似的方法在同样的领域做研究时,他们有时会得到类似的发现,并且为他们的发现构造出相似的解释。当一个领域是全新的时候,比如放射性,新发现会比在一个成熟领域里出现得更快、更频繁。由于大批研究人员进入这个激动人心的新领域,同时发现变得特别常见。

X射线首先引发了很多新发现,继而对放射性的好奇引发了更多新发现。放射性在医学方面的美好前景吸引了企业家对材料、设备和奖学金的捐赠,这资助了数量日益增长的科学家。这些研究人员共享关于物理世界如何运行的基本假设,共享研究物理的适宜方法和工具。

许多研究人员在这个机遇的吸引下聚在一起,在这个广阔开放的领域从事研究工作。这个崭新的领域使得科学家拥有最大的机会去作出具有独创性的、激动人心的发现。但在早期的迅猛突进之后,达成这一目标的可能性变得越来越小了。

放射性与关于变化的观念

几个世纪以来,思想家一直在思索变化在宇宙中承担的角色。我们看到周围的事物都在发生变化,例如动植物的生长与衰亡、事物运动与发展以及化学反应的变化,这些变化是宇宙的基本属性吗？亦或我们的宇宙本质上是静止的,所以我们察觉到的变化是暂时的,或者完全是幻觉？

世纪之交的物理学引以为豪的基本原理是两个守恒定律。这两个定律阐述的是,宇宙中总质量守恒,总能量也守恒。它们假定宇宙从根本上是不发生变化的,只经历暂时的变化和转化。

热力学证明这个简洁的安排是错误的,因为热力学基本原理表明宇宙中与热现象相关的过程是不可逆的。能量不断地转化成热量。不管如何小心地设计一个装置或过程,它都会产生一些热量,而这些热量不能变回到更有用的能量,比如驱动机器或者发电机的能量。因为这种改变是必然的,所以总有一些能量会被浪费掉。

科学家和工程师很清楚地知道热力学对他们的工作的限制。工业家大胆地尝试提高当代的技术水平,以提高机械的工作效率,比如,制造大型发电机、照明系统和工厂机器。这些设备效率并不高,收获也很有限。根据热力学原理,完全克服这个问题是根本不可能的。所有形式的能量最终都将变成热能。

19世纪的其他重要发现也支持这一观点,即变化对于世界来讲是基本的。地质学家在岩石、化石和地球表面的地层之中找到了变化的证据。人类学家和考古学家揭示了与他们不同的古代文明、技术和人类。语言学家通过分析语言发现了各种语言之间的关系和它们如何随时间变化。

在生物研究方面，生物随时间的进化是一个基本的组织原则。这方面最著名的便是英国博物学家查尔斯·达尔文提出的进化论，这一理论与其他许多领域都产生了共鸣，并有许多发现。科学家据此提出了化学元素、太阳系和宇宙起源的演化理论。其他一些人将达尔文的物竞天择理论应用于人类和人类社会。在这样的环境下，把进化原理应用于放射性研究是一件很自然的事情。

勒邦利用放射性来证明所有的物质都在演化成能量。他认为放射性标志着这种演化，并且最终物质会消失。勒邦把不可逆过程的热力学概念从能量拓展到物质，然而这并没有任何实验证据。

更令人信服的科学猜想是，放射性表明化学元素一直在演变。卢瑟福和索迪的放射性理论声称特定的元素在放射性过程中会转变成其他元素。打开想象空间，我们可以想象所有的元素随着时间的流逝都已经进化了，而放射性推动了这种进化。

虽然元素通过发射亚原子粒子而进化的观点不再被接受，但是进化的思想后来又作为一个逆过程重新出现了。20世纪中叶，科学家提出，化学元素是在最初的宇宙大爆炸中由基本粒子组成的。在类似太阳那样的恒星炉之中，演化随着氢原子聚变成更重一些的元素而发生。

放射性与关于物质和能量的观念

究竟什么才是自然界的基本成分呢？古往今来的哲学家构想了两类组成宇宙的基本成分，一种是有实体的材料，另一种是抽象的东西。材料会填充整个空间，或者会被限制到一个小的局域空间。它可能没有固定的形状，也许是由粒子组成的，全都由一种元素或者是由不同元素组成。宇宙更抽象的组成部分是某种能量或力、灵魂和精神的衍生物,这些东西使得宇宙具有永恒的生命力。哲学家可在他们的猜想中把材料和抽象元素结合起来,或者认为存在这样一个宇宙:其中某种类型比另一种更基本。

在 17 世纪,物质被认为是最基本的,彼时研究物质运动的力学是物理学的基础。这一状况在 19 世纪后期发生了变化,因为此时理论方面认为能量或作用力也许比物质更基本。热力学关注能量,电磁学理论强调空间中的力场。

德国化学家奥斯特瓦尔德和黑尔姆(Georg Helm)提出,物理学应完全基于热力学原理并舍弃与原子、分子有关的力学模型。这一名为"唯能论"的设想并未被广泛采纳,然而许多科学家相信热力学比力学更基本。

在 19 世纪末 20 世纪初,电磁场比物质更基本的观点看起来更有前途。麦克斯韦方程组预言能量和质量应该从数学角度互相关联,因此随着物体运动速度的增加,物体的质量会变得越来越大。质量的增长来自电磁场,叫做"电磁质量"。来自电磁场的能量正比于 mc^2,即运动物体的电磁质量乘以光速的平方,至于比例系数,有的物理学家认为是 3/4,有的认为是 1。

有些时候,科学家更喜欢用动能表达式:$E = \dfrac{1}{2}mv^2$(其中 m 是运动物体的质量,v 是它的速度),来计算运动粒子的质量改变。

某些物理学家怀疑物质完全是由带电粒子组成的,比如电子。如果这是真的,我们看到和摸到的任何东西都仅仅是电磁相互作用的神秘产物。质量将是电磁能的特殊形式,并且会随着速度的增加而增大。

1902 年,考夫曼在柏林所做的关于放射性高速电子(即 β 射线)的实验看起来证明了这一点,至少对于电子来讲是这样。β 射线在高速时质量增加显著。考夫曼断定,电子的质量完全源自电磁能。他的结论被广泛接受。

鉴于它那巨大的、原因不详的能量输出,放射性究竟是不是物质转化为能量的一个信号呢？在1904年，索迪推断："镭的蜕变产物的总质量一定比初态镭的质量小，部分丢失的质量演化成了能量，而释放出的总能量有一部分可认为来源于此。"[2]

第二年(1905年)，爱因斯坦推导出了能量和质量的关系式(后来被表述为 $E=mc^2$，其中 c 是光速)。为了得到这个关系式，爱因斯坦用了一个与前人不同的方法。前人的理论是基于电磁场理论，而爱因斯坦的推导则建立在他称为相对性原理的基础之上。爱因斯坦建议利用镭来检验他的方程。因为镭会产生大量能量，来自蜕变的质量改变应该大到可以被探测到。

在不知道爱因斯坦想法的情况下，普雷希特(C. C. Julius Precht)，一位在汉诺威任教的德国物理学家，用动能公式计算发现，在镭裂变的过程中任何质量的改变都太小，以至于不能被探测到。后来，爱因斯坦也得出了相同的结论。"目前，"他在1910年说道，"没希望通过实验确定那个变化。"[3]根据柏林化学家兰多尔特(Hans Landolt)的计算，在化学反应中找到质量改变的希望更渺茫。

放射性的能量可能来自物质转换的想法牵动着许多科学家的心，包括索迪、施塔克、朗之万、索末菲、汤姆孙和斯维内(Richard Swinne)。对于更多的科学家来讲，更有兴趣、更密切相关的是电磁质量可能导致原子质量的微小变化。在1913年的索尔维会议[索尔维会议是由企业家索尔维(Ernest Solvay)资助的学术会议]上，这个话题引起了科学家的强烈兴趣。一流的化学家和物理学家齐聚比利时，确定了这次会议的主题是"物质的结构"。

与会者讨论的是建立在传统电磁理论框架下的质量转化，而不是爱因斯坦提出的质能关系。科学家们没有理由认为爱因斯坦的想法比熟悉的力学和电磁学更好。总之，物质的概念在自然科学中仍然根深蒂固。虽然很令人着迷，但是把所有的物质都转化成能量的观念还只是一种猜测。

放射性与关于连续和不连续的观念

自古以来,哲学家就经常思索连续还是不连续才是宇宙的基本形式。在物理学中,这个问题可以转译成关于物质和能量的两种相互对立的观点。物质和能量是连续可分的呢,还是由很小很小的分立部分组成的呢? 它们能连续地转移呢,还是以某一特定的量进行转移呢? 对此,可以作一个粗略的类比:把液体倒入容器和把大米倒入容器。倾倒液体看起来是一个连续的过程,而倾倒大米是一个视觉可见的分立过程,因为每粒米都是一个独立的实体。在 19 世纪末,大部分科学家相信物质是由分立的部分(原子、分子、带电粒子)组成的,但是能量是连续的,并且能以任何数量连续地转移。

对于放射性来说,问题在于放射性是来自原子内部的某种连续变化还是来自分步走引起的改变。传统理论倾向于连续变化,而某些证据则支持分立性。这些观念看起来是不可兼容的。

电磁理论认为,在一个原子当中,组成部分的运动会不断放出电磁波。能量的持续丢失会导致原子的不稳定,所以它就会产生放射性。然而,大部分的原子看起来是稳定的,并且未表现出放射性。基于能量是连续体的思想而设计一个解释原子稳定性的模型是十分困难的。

关于放射性的成功模型也应该能解释它的随机性。我们无法预测何时某个特定的原子会发生衰变,也无法干预这个过程。随机性表明发生在原子内部的变化是分立的,或者说是分步进行的。

回顾过去,截至 1900 年,能量作为一个连续体的观念在物理学理论方面已经陷入僵局。这个假定是如此的根深蒂固,以至于科学家根本不质疑它。1901 年有了一个突破性的进展,但该论文的作者仅仅是将它作为一个数学操作引入,以使得一个公式对辐射理论的一个问题成立。

这一理论问题的解决对于实践来讲是非常重要的。大部分用于照明的电能都转化成热能而浪费掉了。光源的低效率已经成为一个重要的经济问题,特别是在德国这样一个对电力工业进行了大量投资的地方。德国政府为改善电照明的效率投入了大量财力。

科学家和工程师对这个问题都非常感兴趣,希望从一个叫做"黑体辐射"的理论中找到突破。这个理论把白炽光源(例如灯泡)的温度和它产生的光的数量和波长联系起来。研究人员尝试了多种方法来推导这一关系的数学公式。但是,他们推导的方程没有一个适用于整个光谱。

德国物理学家普朗克苦思冥想了黑体辐射好几年。作为一个理论物理学家,普朗克优先考虑的是协调辐射理论的各个不同方面,以便得到一个与实验结果吻合的方程。为了尽力解决理论和实验之间的分歧,普朗克决定对令人痛苦的方程作出一个数学限制。为了给这个限制一个物理解释,普朗克约定,能量只能以特定的小份被吸收,而不能以任意数量连续地被吸收。他把这些小份叫做"量子"(quanta,单数形式是 quantum),应用了拉丁文意为"数量"的单词(它也是英语单词"quantity"的词源)。这个假设对能量是连续存在的观念发起了挑战。

普朗克深受 19 世纪物理思想的影响,很不情愿地成为了量子理论的创始人。比普朗克更具有热情的是他的德国同事勒纳、施塔克和爱因斯坦,他们很快就成了普朗克新思想的拥护者。这些有独立见解的物理学家是特立独行者,因为自然科学领域的大部分科学家对量子的发现反应都很迟钝。普朗克的思想不是主流思想。它看起来和当下关于热力学的研究不相干,也没体现出对最流行的研究领域的影响。与**量子跃迁**(该词后来用来表示原子内部的变化)的瞬时完成不同,物理学中的量子革命持续了几十年,其间多位物理学家将普朗克的思想发展成了一个全面的能量理论。

放射性领域的领导者起初并未采用量子理论,部分原因是他们还不清楚如何把它应用于放射性。总是走在时代前面的索迪对量子理论非常感兴趣,玛丽·居里对此也非常感兴趣,而卢瑟福起初对此毫不在意。依他的想法,量子理论破坏了常识,因为他根本看不到量子。当卢瑟福认识到量子概念与实验吻合时,他接受了这个理论,就像大部分物理学家一样。直到 20 世纪 20 年代末,量子理论才与放射性理论很好地结合起来。彼时,放射性已经和新兴的核物理融合在一起了。

永 恒 之 谜

宇宙究竟是变化的还是永恒的、是物质的还是能量的、是连续的还是不连续的? 尽管一个特定的时期会选择这些问题或者其他哲学问题的一面亦或另一面,但是下一代也许就会支持完全相反的观点。宇宙看起来太过复杂,因而不能被人类为解释世界而建造的任何一个知识结构所容纳。

根据一个古老的哲学观点,这些矛盾是现实世界的本质。黑格尔(Georg Hegel)的辩证唯心主义和马克思(Karl Marx)的辩证唯物主义是 19 世纪这一观点的化身。在物理学里,光的行为有时像波,有时像粒子,这一原理就是矛盾的范例。这就是著名的波粒二象性,物理学家在 20 世纪 20 年代接受了这一观点。

在现代物理学里,另一个矛盾是不确定原理。在 20 世纪 20 年代,海森伯(Werner Heisenberg)证明,同时确定一个粒子的位置和动量是不可能的。随着我们把某一个量测量得越精确,另一个量就变得越不确定。

在 20 世纪初,放射性的随机性为物理理论的不完备性提供了一条早期的线索。这个令人费解的行为被吸纳进一个新物理之中,这个新物理包含了早期研究人员未能解决的矛盾。大自然本质上是矛盾的——这个违反常理的想法只会增加放射性的魅力。

第十四章

发现的奇幻魅力

我们能够拥有的最美妙体验就是神秘!

——爱因斯坦

在物理学的主要矛盾变得特别突出之前,放射性就已经激发了丰富的想象力。在重重迷雾之下,新现象看起来具有爆炸式的发展潜力。该领域的吸引力表明,除了职业进取心或者求知欲以外,还有一些深刻得多的因素在驱动研究人员。放射性被发现的故事、它的神秘性所带来的诱惑以及可能出现的美好前景与一个古老的主题发生了共鸣,那就是人类灵魂永不止息的渴望。

对权力、长寿、健康、超越凡俗的渴望,对美的认同,神秘所带来的浪漫,以及探索中出现的传奇故事都由这个新发现所引起。这些都是神话元素,在人类探索自然的艰苦过程中是普遍且不朽的。神话里的世界观充满想象和浪漫。"贴有下列标签的事情、地方和人物可以定义为**浪漫**:英勇、冒险、遥远、神秘和理想化等令人充满幻想和感动的特征。"[1] 放射性具有所有这些元素。

放射性的神秘和浪漫

放射性激发浪漫。它突然出现，不知道来自哪里，看不见也摸不着，笼罩在神秘的面纱之下。它产生美丽、怪异的效应，例如发光、宝石颜色的改变和意料之外的化学反应。

早期的研究人员是这个领域的拓荒者，他们在不知目的地的情况下开辟出了新的路径，创造了新的思想、新的设备和新的标准。技术本身就是一个伟大的进步。放射性需要冒险，当时的实验者没有充分意识到辐射所带来的伤害，但是充分认识到他们在控制一个强大的动力。

玛丽·居里同艰难困苦作斗争的传奇故事和居里夫妇幸福婚姻的悲剧结局使大家想起了古往今来的英雄和悲剧。居里夫妇是镭神话的一部分，是一个传统神话主题在 20 世纪的变体。玛丽·居里对镭的提纯是她所追求的圣杯，一个隐秘的、完美的奖品；她战胜困难的一生是神话英雄人物的壮举。镭成了一种不可思议的医学材料，包治百病的仙丹。新闻记者把居里夫人描绘成了一个女英雄，甚至是一个圣人。

居里夫人自身也有浪漫的矛盾。她的害羞、柔弱和近乎超人的功绩之间的反差，一个迷人、低调的女性和母亲能够在男性主导的领域取得成功，这些激发了公众的想象力，成就了镭的神话。作为一位年轻女性，她曾在矛盾的思想之间挣扎，包括：热爱文学与科学热情、浪漫的波兰民族主义与实证主义的客观和科学的国际主义、对社会的美好希望与战争的压迫和屠杀的现实。在她选择专注于科学研究和她的职业生涯之后，特别是在她丈夫去世之后，玛丽·居里着装朴素，严肃低调。

然而玛丽·居里那被专业热情和个人不幸所压抑的浪漫主义精神在她与皮埃尔提纯出发光的镭之后突然显现。它太漂亮了，他们激动地说道。玛丽·居里急不可耐地想看看钋的样子。后来，她回忆那些日子时说道："我们的乐趣之一就是晚上来到我们的工作室；然后，我们能察觉到来自四面八方的微弱的光，这些光是由装有我们实验产物的瓶瓶罐罐发出的。这真是一个美妙的场景,对我们来说总是新奇的。发光的试管看起来就像微微发光的圣诞节彩色小灯。"在另外一个场合,玛丽·居里评论道:"在他的实验室里,科学家就像站在自然现象前的懵懂小孩儿,这个现象就像童话故事一样吸引着他。"[2] 在玛丽·居里的内心深处,她是工作在一个令人愉快的、充满魅力的世界里。

原子蜕变的发现赋予人们一个充满想象的神话主题,即哲人石和相关的神秘变化。人们觉得好像找到了长期寻找的关于变化的答案,无论是点石成金、灵魂从人间到天堂、物质到能量,还是起死回生。

转化即变化。放射性物体不断地发生着变化,并且演化成能量,这一观点与古代认为的变化是终极实在的观点相符。正如古希腊哲学家赫拉克利特的哲学观点:我们绝不会两次踏入同一条河流。认为事物的变化高于静止在传统上被归类为浪漫主义,不管是在自然科学领域、政治领域还是在艺术和人文方面。

放射性既包含时间的极限也包含距离的极限,久远而又神秘。某些放射性元素的半衰期为无限长,而其他的会在一眨眼间就消失。它们的射线是肉眼不可见的,含有比原子还要小的粒子,然而所涉及的能量却十分巨大。放射性输出的能量特别大,就像出盐的神磨、丰裕之角和其他丰饶的象征一样,永世不竭地发出能量。放射性所蕴含的秘密看起来也是无止境的。每当实验者认为他们理解了它的某些属性时,新的、更神秘的行为就会出现。

放射性的发现扣人心弦,它与古老的神话主题不谋而合,比如英雄传奇,还有魔法灵药。医学研究人员从镭的研究中寻求治疗疾病和长生不老的妙方,这使人们回想起了传说中的圣泉、青春泉和具有神奇效力的魔法药水。艺人、评论家和零售商蜂拥而至,因为他们对这个神秘、浪漫的物理现象充满了直观的兴趣。"上帝给饥饿的人,吗哪*;借

---

* 据《圣经》记载,吗哪是古以色列人经过荒野绝粮时,上帝赐予的食物。——译者

给口渴的人权杖,生命得救了;"出自诺瓦塔镭疗养公司的广告海报,该公司位于印第安人保留地(后来的俄克拉何马州),生产镭水。夸张还在继续:"另外,我们以不可思议的方式欢迎地球上濒临死亡的人群来到诺瓦塔——德莱昂(DeLeon,寻找青春泉的西班牙探险家)的圣地。"[3] 这些企业家提供的不仅仅是一般的治疗,而是生命的灵丹妙药。图 14.1 描绘了该企业的另一幅广告海报。

一段时间之后,某些事件抑制了部分的狂热。对放射性危害的了解损害了镭的正面形象。第一颗原子弹的爆炸则让其形象彻底坍塌。放射性给人类带来了毁灭性的破坏力量。物理学家奥本海默(Robert Oppenheimer)引用印度史诗《薄伽梵歌》(*Bhagavad Gita*)中的诗句来评论第一颗原子弹的爆炸:"吾即死神,大千世界的毁灭者。"[4] 放射性的一组新形象正在走向前台。

镭的传奇披上了不祥的外衣。镭不再是神奇的灵丹妙药,它变成了毒苹果的化身,有致命的诱惑。科学作为人类救世主的地位也被降级了。普罗米修斯因为从神那里偷了火而受到严厉的惩罚。他的神话故事调和了年轻的玛丽·居里的实证主义热情。现在,浮士德博士(那个为了知识而把自己的灵魂卖给魔鬼的人)的传奇在科学家中扩散。

一个仍在进行的任务

自然科学的一个崇高梦想就是摆脱人类偏见、独立于政治和社会的广泛关注。这一梦想最终无法实现。放射性起初只是一个科学谜题,后来却具有了远远超越智力领域的影响。新科学的轨迹清楚地表明,试图在科学和科学应用之间竖起一堵墙是徒劳的,因为伴随而来的还有政治、社会和伦理道德等影响因素。

科学纯真不再,这不会破坏人类认为科学具有积极性潜能的信念。皮埃尔·居里认为科学将带来更多的益处,而不是伤害。这一判断回

图 14.1　镭水广告海报，约 1905 年。来自霍尔(E. W. Hall)先生。

荡在余下的 20 世纪及其后的时期,反驳了灾难预言者的悲观情绪。未来会是地狱还是伊甸园,是大灾难还是乌托邦呢? 神话和浪漫主义是极端的表现。科学和社会仍将继续角力,并努力在矛盾中寻找一个中间地带。

附录1　射线与辐射术语表

"射线"和"辐射"最初是通用的。当科学家知道某些射线其实是粒子之后,他们通常只用"辐射"来指代电磁辐射。

α 射线(Alpha rays)　带正电荷的贝克勒耳射线;即氦原子核(带有两个单位的正电荷)。

贝克勒耳射线(Becquerel rays)　从放射性物质中发射出来的电离射线,包括 α、β 和 γ 射线。

β 射线(Beta rays)　带负电荷的贝克勒耳射线;即高速电子。

阴极射线(Cathode rays)　从真空管的负电极(阴极)喷出的电子;有时表示从其他源头射出的电子。

宇宙线(Cosmic rays)　高空辐射;后来被确认为来自太空的高速粒子。

δ 射线(Delta rays)　低速运动的电子,是由 α 粒子撞击其他物质后产生的;次级射线中的一种。

电磁辐射(Electromagnetic radiation)　以光、无线电波和 X 射线等形式释放的能量,它们是带电粒子在改变速率和/或运动方向时产生的。

γ 射线(Gamma rays)　类似于 X 射线的电磁辐射,但是波长更短。

不可见光(Invisible light)　类似于可见光的电磁辐射,但是波长更长(红外线)或波长更短(紫外线)。

初级射线(Primary rays)　由放射性物质直接放出的电磁辐射或

粒子,或是其他材料撞击物质时产生的粒子或其他辐射。

　　次级射线（Secondary rays） 当初级射线撞击物质时产生的粒子或电磁辐射。

　　X 射线,伦琴射线（X rays,Röntgen rays） 高能电磁辐射。

附录 2 放射性元素家谱

1912 年的放射性衰变系

铀系

铀系	原子量	每千克铀中的含量	半衰期	射线	15℃时α射线的射程
铀 铀1	238.5	10^6毫克	$5×10^9$年	α	2.5厘米
铀2	234.5	196毫克(？)	10^6年(？)	α	2.9厘米
铀 Y	230.5(？)	$8×10^{-7}$毫克	1.5天	β	—
铀 X	230.5	$1.3×10^{-5}$毫克	24.6天	β+γ	—
镓	230.5	39毫克(？)	$2×10^5$年(？)	α	3.00厘米
镭	226.5	0.34毫克	2000年	α	3.30厘米

镭系

镭系	原子量	每克镭中的含量	半衰期	辐射	15℃时α射线的射程
镭	226	1克	2000年	α+慢β	3.30厘米
镭射气	222	$5.7×10^{-6}$克	3.85天	α	4.16厘米
镭A	218	$3.1×10^{-9}$克	3.0分钟	α	4.75厘米
镭B	214	$2.7×10^{-8}$克	26.8分钟	β+γ	—
镭C	214	$2.0×10^{-8}$克	19.5分钟	α+β+γ	6.57厘米
镭C_2	—	—	1.4分钟	β	
镭D	210	$8.6×10^{-3}$克	16.5年	慢β	—
镭E	210	$7.1×10^{-6}$克	5.0天	β+γ	—
镭F	210	$1.9×10^{-4}$克	136天	α	3.77厘米

锕系

锕系	原子量	半衰期	辐射	15℃时α射线的射程
锕	A	?	无	—
放射性锕	A	19.5天	α+β	4.60厘米
锕X	A-4	10.2天	α	4.40厘米
射气	A-8	3.9秒	α	5.70厘米
锕A	A-12	0.002秒	α	6.50厘米
锕B	A-16	36分钟	慢β	—
锕C	A-16	2.1分钟	α	5.40厘米
锕D	A-20	4.71分钟	β+γ	—

钍系

钍系	原子量	1000千克钍中的含量	半衰期	辐射	15℃时α射线的射程
钍	232	10^9毫克	$1.3×10^{10}$年	α	2.72厘米
新钍1	228	0.42毫克	5.5年	无	—
新钍2	228	$5.2×10^{-5}$毫克	6.2小时	β+γ	—
放射性钍	228	0.15毫克	2年	α	3.87厘米
钍X	224	$7.4×10^{-4}$毫克	3.65天	α+β	4.3厘米
钍射气	220	$1.2×10^{-7}$毫克	54秒	α	5.0厘米
钍A	216	$3.1×10^{-10}$毫克	0.14秒	α	5.7厘米
钍B	212	$8.5×10^{-5}$毫克	10.6小时	β+γ	—
钍C	212	$7.9×10^{-6}$毫克	60分钟	α+β	4.8厘米
钍C₂	212	—	非常短(?)	α	8.6厘米
钍D	208	$1.3×10^{-7}$毫克	3.1分钟	β+γ	—

来源:卢瑟福,《放射性物质及其辐射》(*Radioactive Substances and their Radiations*, Cambridge:Cambridge University Press, 1913),第468、518、533、552页。承蒙欧内斯特·卢瑟福家族特许。

基于现代数据的放射性衰变系

1. 铀元素家族

放射性元素和射线	半衰期(年、天、小时、分钟、秒)
铀 I	4 500 000 000 年
$\downarrow\alpha$	
铀 X₁(钍 234)	24 天
$\downarrow\beta$	
铀 X₂(镤 234)	1.2 分钟
$\downarrow\beta$	
铀 II(铀 234)	240 000 年
$\downarrow\alpha$	
锾(钍 230)	77 000 年
$\downarrow\alpha$	
镭(镭 226)	1600 年
$\downarrow\alpha$	
镭射气(氡 222)	3.8 天
$\downarrow\alpha$	
镭 A(钋 218)	3.1 分钟
$\downarrow\alpha$ 或 $\searrow\beta$	
镭 B(铅 214) 砹(砹 218)	27 分钟,2 秒
$\downarrow\beta$ $\swarrow\alpha$	
镭 C(铋 214)	20 分钟
$\downarrow\beta$ 或 $\searrow\alpha$	
镭 C′(钋 214) 镭 C″(铊 210)	0.000 16 秒,1.3 分钟
$\downarrow\alpha$ $\swarrow\beta$	
镭 D(铅 210)	22 年
$\downarrow\beta$	
镭 E(铋 210)	5.0 天
$\downarrow\beta$ 或 $\searrow\alpha$	
镭 F(钋 210) 铊(铊 206)	140 天,4.2 分钟
$\downarrow\alpha$ $\swarrow\beta$	
镭 G(铅 206)	无放射性

放射性元素和射线	半衰期(年、天、小时、分钟、秒)
锕铀(铀235)	710 000 000年
↓α	
铀Y(钍231)	26小时
↓β	
镤(镤231)	33 000年
↓α	
锕(锕227)	22年
↓β 或 ↘α	
放射性锕(钍227) 锕K(钫223)	19天,22分钟
↓α ↙β	
锕X(镭223)	11天
↓α	
锕射气(氡219)	4.0秒
↓α	
锕A(钋215)	0.0018秒
↓α 或 ↘β	
锕B(铅211) 砹(砹215)	36分钟,0.0001秒
↓β ↙α	
锕C(铋211)	2.1分钟
↓β ↘α	
锕C′(钋211) 锕C″(铊207)	0.005秒,4.8分钟
↓α ↙β	
锕D(铅207)	无放射性

放射性元素和射线	半衰期(年、天、小时、分钟、秒)
钍(钍232) $\downarrow \alpha$	14 000 000 000年
新钍 I (镭228) $\downarrow \beta$	5.8年
新钍 II (锕228) $\downarrow \beta$	6.1小时
放射性钍(钍228) $\downarrow \alpha$	1.9年
钍X(镭224) $\downarrow \alpha$	3.7天
钍射气(氡220) $\downarrow \alpha$	56秒
钍A(钋216) $\downarrow \alpha$ 或 $\searrow \beta$	0.15秒
钍B(铅212) 砹(砹216) $\downarrow \beta$ $\swarrow \alpha$	11小时,0.0003秒
钍C(铋212) $\downarrow \beta$ 或 $\searrow \alpha$	61分钟
钍C′(钋212) 钍C″(铊208) $\downarrow \beta$ $\swarrow \beta$	0.000 000 3秒,3.1分钟
钍D(铅208)	无放射性

来源:格拉斯通(Samuel Glasstone),《原子能参考手册》(*Sourcebook on Atomic Energy*. Princeton, NJ: D. Van Nostrand, 1950)。

阿尔贡国家实验室环境科学部(Argonne National Laboratory, EVS),《人类健康资料汇编》[*Human Health Fact Sheet*. Argonne National Laboratory (Illinois), 2005]。

附录3 放射性难以捉摸的起因

自从 1896 年发现放射性起,它就使研究者感到困惑,因为他们找不到原子核爆裂的能量来源。无论试验什么能量来源,尝试哪种方法,他们都不能改变放射性的发生过程。他们之所以失败,是因为放射性元素不借助自身原子核之外的能量来蜕变。

原子需要能量来蜕变。原子自发衰变需要的能量以及释放出的多余的能量来自原子核内部。天然放射性重元素的原子能够蜕变是因为它们不稳定。它们的原子核内部含有大量相互排斥的质子(质子携带正电荷),所以它们有分裂的趋势。

导致同性电荷相互排斥、异性电荷相互吸引的力称为**静电力**。当带电粒子互相分离或靠拢的时候,静电力产生能量。要克服重核内部的静电力,保证原子核内的质子不会分开,需要很多能量。

这种能量来自原子核内部的一种力,我们称之为**强相互作用力**(简称强力)。强力将质子和中子束缚在一起。如果束缚这些粒子的强力大于将其分开的静电力,那么这样的原子核就是稳定的。

如果一个不稳定的原子核放出一个 α 粒子,新生成的元素可能会从原子核内部发射 γ 射线,直到它变成一个更稳定的状态。γ 辐射代表原子核不同能级之间的能量差。

当发现即使核内的静电力稍微弱于强力却仍发生 α 衰变的情形时,研究者感到很困惑。他们无法理解 α 粒子是如何从原子核中逃脱的,因为它没有足够的能量来克服维系质子和中子在一起的强力。这些例子看起来破坏了能量守恒定律。

一个出现于 20 世纪 20 年代,名为**波动力学**的理论表明:虽然高能

α 粒子更可能从原子核中逃逸,但是低能 α 粒子也能如此。粒子能否逃逸是一个概率问题,逃逸概率一定不等于零。这种概率需要应用波动力学来计算,它确定了特定放射性元素平均需要多久才能发生衰变。某些放射性元素的平均寿命小于一秒,而另一些元素的寿命可能会有 100 万年或 10 亿年之久。

在 20 世纪 30 年代,物理学家了解到中子自己可以发生衰变。这个过程产生 β 粒子。这种涉及 β 粒子辐射的力后来被称为**弱相互作用力**(简称弱力)——相对于把核子束缚在一起的强力而言。在 β 衰变过程中,一个中子变成一个质子、一个电子(β 粒子)和一个反中微子(不带电,几乎无质量)。β 粒子衰变也由概率论决定。当放出一个 β 粒子之后,一个新的原子核就形成了,它可能还会放出 γ 射线。

在放射性出现后最初的那几年,科学家相信在描述放射性的概率方程背后潜藏着确定性的、机械论的起因。他们认为,虽然概率论能描述放射性,但是这些抽象的方程不能解释它。放射性科学的领导者认为将来应该能够找到放射性的一个或多个机械论起因。

在量子力学出现并用概率论解释之后,许多科学家确信概率方程本身就能解释放射性。原子碎裂不需要更深层次的理论。在亚原子层面,自然由偶然掌控。

附录4　本书提到的诺贝尔奖获得者

　　排名顺序依照《诺贝尔物理学奖讲演录》(*Nobel Lectures. Physics*)
之 1901—1921 年卷、1922—1941 年卷、1942—1962 年卷及《诺贝尔化
学奖讲演录》(*Nobel Lectures. Chemistry*)之 1901—1921 年卷、1922—
1941 年卷、1942—1962 年(Amsterdam：Elsevier, 1964—　　)。

物理学奖

1901　伦琴(Wilhelm Conrad Röntgen)

1902　塞曼(Pieter Zeeman)

1903　安托万-亨利・贝克勒耳(Antoine-Henri Becquerel)、皮埃尔・
　　　居里(Pierre Curie)和玛丽・居里(Marie Skłodowska-Curie)

1904　瑞利勋爵(Lord Rayleigh)，原名约翰・威廉・斯特拉特(John
　　　William Strutt)

1905　勒纳(Philipp Eduard Anton von Lenard)

1906　汤姆孙(Joseph John Thomson)

1911　维恩(Wilhelm Wien)

1913　昂内斯(Heike Kamerlingh Onnes)

1914　劳厄(Max von Laue)

1915　威廉・亨利・布拉格(William Henry Bragg)和威廉・劳伦斯・
　　　布拉格(William Lawrence Bragg)

1917　巴克拉(Charles Glover Barkla)

1918　普朗克(Max Planck)

1919　施塔克(Johannes Stark)

1921　爱因斯坦（Albert Einstein）

1922　玻尔（Niels Bohr）

1926　皮兰（Jean Baptiste Perrin）

1927　C·T·R·威尔逊（Charles Thomson Rees Wilson）

1935　查德威克（James Chadwick）

1936　赫斯（Victor Franz Hess）

化学奖

1904　威廉·拉姆齐爵士（Sir William Ramsay）

1908　卢瑟福（Ernest Rutherford）

1909　奥斯特瓦尔德（Wilhelm Ostwald）

1911　玛丽·居里（Marie Skłodowska-Curie）

1914　理查兹（Theodore William Richards）

1921　索迪（Frederick Soddy）

1935　弗雷德里克·约里奥（Jean Frédéric Joliot）和伊雷娜·约里奥-
　　　居里（Irène Joliot-Curie）

1943　海韦西（George de Hevesy）

1944　哈恩（Otto Hahn）

附录5　放射性影响网状图

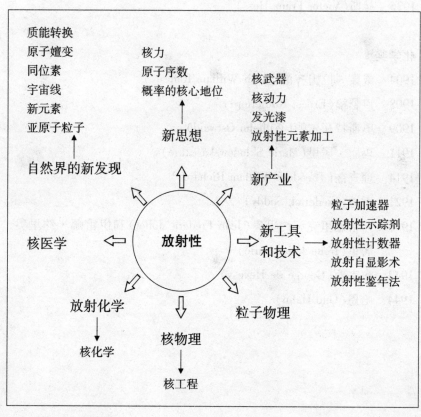

该图由作者绘制。

附录 6　大事记

　　科学发现是很复杂的事情，经常涉及很多个人、事件和诠释。我在此使用的是这个词最基本的含义，以反映出对史料记载的最为公认的诠释。

1789　克拉普罗特（Martin Klaproth）发现铀元素。

1855　盖斯勒发明水银真空泵，并且发明了用于观察放电现象的特殊玻璃管。

　　　吕姆科夫发明了一种感应线圈（即变压器），它可以产生极高的电压。

1859　基尔霍夫（Gustav Kirchhoff）和本生（Robert Bunsen）证明可以利用光谱线确定化学元素。

1860　麦克斯韦和玻尔兹曼分别独立发展了气体分子的运动理论。

1864　麦克斯韦发表用于描述电磁理论的麦克斯韦方程组。

1865　施普伦格尔改良水银真空泵。

1869　希托夫（Johann Hittorf）确认阴极射线，它由戈尔德施泰因于1879 年命名。

　　　门捷列夫发表第一版元素周期表。

1873　麦克斯韦预言存在无线电波。

1881　汤姆孙提出电磁质量的概念。

1895　伦琴发现具有穿透力的不可见射线，将其命名为"X"射线。

1896　亨利·贝克勒耳从铀中发现具有穿透力的不可见射线。

　　　汤普森作出了类似的发现。

塞曼观测到磁场中原子谱线的劈裂。

1897　维歇特和汤姆孙分别独立确认阴极射线是带负电荷的粒子,比原子还要小得多(后来称为电子);考夫曼得到类似的实验结果,但是没有得出这一结论。

1898　玛丽·居里和皮埃尔·居里创造了术语"放射"和"放射性"。

玛丽·居里和皮埃尔·居里发现钋;又同贝蒙一起发现了镭。

施密特发现钍具有放射性。

吉塞尔开始生产镭。

卢瑟福确认铀射线中的两种成分,将其命名为"α 射线"和"β 射线"。

1899　卢瑟福发现钍射气;皮埃尔·居里和玛丽·居里观测到"感应放射性"。

汤姆孙测量了电子电量,证明它是一种亚原子粒子。

吉塞尔报告了钋的放射性并不是永恒不变的。

吉塞尔与斯特凡·迈尔和施魏德勒二人团队(紧接着还有贝克勒耳),通过使 β 粒子在磁场中发生偏转,证明它们是带电粒子而不是某种 X 射线。

德比耶纳发现锕。

1900　维拉德发现 γ 射线。

多恩使 β 射线在电场中发生偏转。

多恩发现镭射气。

卢瑟福将指数函数应用于放射性。

普朗克引入能量量子的思想。

瓦尔科夫报告了镭灼伤皮肤。

1901　伦琴获得首届诺贝尔物理学奖。

1902　卢瑟福和索迪发表关于放射性的原子变化理论。

卢瑟福确认 α 粒子。

吉塞尔开始销售镭。

玛丽·居里确定镭的原子量。

考夫曼证明 β 射线中电子的质量随着速度的增加而增加。

1903　皮埃尔·居里和拉博德测量镭放出的热。

索迪和拉姆齐证明镭产生氦。

希姆施泰特在井水和原油中发现镭射气(氡)。

威廉·克鲁克斯爵士与埃尔斯特和盖特尔二人团队分别独立观察到 α 粒子打到硫化锌屏幕上的闪光现象。

贝克勒耳和居里夫妇分享诺贝尔物理学奖。

1904　两份致力于放射性的杂志创刊:《镭》(*Le Radium*)和《放射性和电子学年刊》(*Jahrbuch der Radioaktivität und Elektronik*)。

德利勒在巴黎附近开始镭的商业化生产。

1905　斯特拉特将氦用于放射性鉴年法。

施魏德勒把概率论应用于放射性,使得科学家相信放射性现象是一个随机过程。

出现第一例放射性致死事件。

1906　吉塞尔开始出售含有镭的发光涂料。

巴克拉发现特征 X 射线。

坎贝尔和伍德发现钾和铷具有放射性;这一性质后来经确认是由它们的放射性同位素导致的。

皮埃尔·居里(1859—1906)去世。

1908　盖革发明辐射计数器。

卢瑟福获得诺贝尔化学奖。

亨利·贝克勒耳(1852—1908)去世。

1910　国际镭标准委员会成立。

维也纳镭研究所成立。

耶鲁为放射化学提供了第一个学术职位;博尔特伍德是获得该职位的第一人。

1911　盖革和纳托尔发现衰变率与 α 粒子射程之间关系的定律。

卢瑟福发表他的散射理论,提出原子的有核行星模型。

索迪提出同位素的概念。

范登布鲁克总结出元素周期表应该依照原子序数来排列,而不是原子量。

C·T·R·威尔逊发明用于观测带电粒子径迹的云室。

玛丽·居里获得诺贝尔化学奖。

1912 威廉皇帝化学研究所成立,设有放射性部。

镭的一个国际标准被采纳。

赫斯确认一种高空辐射,后来命名为宇宙线。

发现放射性位移定律;法扬斯、索迪、海韦西、罗素、弗莱克都有贡献。

弗里德里希和克尼平发现 X 射线的波动行为。

玛丽·居里预言放射性的波动力学解释。

1913 玻尔发表将量子理论和卢瑟福的有核原子理论联系在一起的原子理论。

阿斯顿在无放射性的元素氖中发现同位素。

海韦西和帕内特(Friedrich Paneth)证明放射性铅可用作化学指示剂或示踪剂。

波兰镭研究所成立。

威廉·H·布拉格和威廉·L·布拉格测量 X 射线的波长。

卢瑟福和安德雷德发现 γ 射线的干涉效应,证明了它的波属性。

1914 赫尼希施密特和霍罗威茨发现来自铀的铅比常规的铅轻。

莫塞莱发现原子序数和特征 X 射线频率之间的数学关系。

巴黎镭研究所成立。

德比耶纳提出核表面张力的概念。

1914—1918 第一次世界大战。

1915 威廉·H·布拉格和威廉·L·布拉格获得诺贝尔物理学奖。

莫塞莱(1887—1915)去世。

1916　汤普森(1851—1916)去世。

　　　威廉·拉姆齐爵士(1852—1916)去世。

　　　多恩(1848—1916)去世。

1917　开始用含有铀的涂料绘制表盘。

1919　阿斯顿发明分离同位素的质谱仪。

　　　卢瑟福用 α 粒子轰击氮原子来使其衰变。

　　　威廉·克鲁克斯爵士(1832—1919)去世。

1920　埃尔斯特(1854—1920)去世。

1921　索迪获得诺贝尔化学奖。

1922　比利时矿业协会开始从非洲沥青铀矿中提取镭。

　　　首例受辐射的表盘画工死亡。

　　　阿斯顿获得诺贝尔化学奖。

1923　海韦西应用放射性铅作为示踪剂研究植物代谢作用。

　　　德布罗意提出粒子具有波动性。

　　　盖特尔(1855—1923)去世。

　　　伦琴(1845—1923)去世。

1925　海森伯发表他关于量子力学的第一篇论文。

1926　薛定谔将德布罗意的理论应用于原子,创立了波动力学。

　　　范登布鲁克(1870—1926)去世。

1927　吉塞尔(1852—1927)去世。

　　　博尔特伍德(1870—1927)去世。

　　　C·T·R·威尔逊获得诺贝尔物理学奖。

1928　盖革和米勒发明一种灵敏的辐射计数器。

　　　伽莫夫(George Gamow)与格尼(Ronald W. Gurney)和康登(Edward U. Condon)二人团队分别独立应用波动力学解释了 α 粒子的衰变。

　　　萨尼亚克(1869—1928)去世。

1932　查德威克发现中子。

安德森在宇宙线中发现正电子。

在加拿大沥青铀矿中提取出镭。

美国医疗协会撤销镭的内服使用许可。

1933　费米创立 β 衰变的理论。

1934　伊雷娜·居里和弗雷德里克·约里奥发现人工放射性。

玛丽·居里(1867—1934)去世。

维拉德(1860—1934)去世。

1935　查德威克获得诺贝尔物理学奖。

1936　赫斯获得诺贝尔物理学奖。

1937　卢瑟福(1871—1937)去世。

1938　哈恩和施特拉斯曼宣布从铀中提取出钡;迈特纳和弗里施解释该过程,将其命名为"裂变"。

1939—1945　第二次世界大战。

1940　汤姆孙(1856—1940)去世。

1942　威廉·H·布拉格(1862—1942)去世。

马克瓦尔德(1864—1942)去世。

1943　海韦西获得诺贝尔化学奖。

1944　哈恩获得诺贝尔化学奖。

1945　美国在日本投下两颗原子弹。

"冷战"开始。

盖革(1882—1945)去世。

阿斯顿(1877—1945)去世。

赫尼希施密特(1878—1945)去世。

1948　施魏德勒(1873—1948)去世。

1949　斯特凡·迈尔(1872—1949)去世。

德比耶纳(1874—1949)去世。

施密特(1865—1949)去世。

1956　索迪(1877—1956)去世。

1962　玻尔（1885—1962）去世。

1966　海韦西（1885—1966）去世。

1968　哈恩（1879—1968）去世。

　　　迈特纳（1878—1968）去世。

　　　弗莱克（1889—1968）去世。

1972　罗素（1888—1972）去世。

1975　法扬斯（1887—1975）去世。

注释

为了避免注释的数量过多,我只在以下几种情况使用注释:直接引用、澄清事实和一些补充的材料来源。只有在同一章中引用不止一次时,才把该参考文献以简略形式呈现。

第一章

1. 一些阴极射线可以穿透薄铝箔。

第二章

1. Marie Curie, *Pierre Curie*, trans. Charlotte and Vernon Kellog (New York: Dover, 1963), 50; Eve Curie, *Madame Curie*, trans. Vincent Sheean (Garden City, NY: Doubleday, Doran & Company, 1937), 287.

2. M. Curie, *Pierre Curie*, 34.

3. Friedrich Giesel, "Ueber Radium und radioaktive Stoffe," *Deutsche Chemische Gesellschaft: Berichte* 35:3 (1902):3608—3611, on 3609; "Über Radium und Polonium," *Physikalische Zeitschrift* 1 (1899):16—17; "Einiges über das Verhalten des radioaktiven Baryts und über Polonium," *Annalen der Physik und Chemie* 69 (1899):91—94. 吉塞尔将这种光描述成蓝色或蓝绿色。工业家德汉在吉塞尔之前不久报道了自发光现象;参见他"Ueber eine radioaktive Substanz," *Annalen der Physik und Chemie* 68 (1899):902。另参见 P. Adloff and H. J. MacCordich, "The Dawn of Radiochemistry," *Radiochimica Acta* 70/71 (1995):13—22。

4. 吉塞尔写给居里夫妇的信,1900 年 1 月 6 日,Archives Institut du Radium—fonds Marie Curie, Musée Curie, Institut Curie; Giesel, "Ueber Radium und radioaktive Stoffe"。

5. 吉塞尔写给居里夫妇的信,1899 年 12 月 22 日,Archives Institut du Radium—

fonds Marie Curie, Musée Curie, Institut Curie, 引自 Marjorie Malley, "The Discovery of the Beta Particle," *American Journal of Physics* 39（1971）: 1459, n. 5。由作者翻译。

6. 来自奥斯特瓦尔德的自传; 引自 Robert Reid, *Marie Curie*（New York: New American Library, 1974）, 76。

7. 钋被证实更难以驯服, 由于它的半衰期短, 玛丽·居里无法分离出可称量出质量的样品。

8. *Nobel Lectures. Physics*, *1901—1921*（Amsterdam: Elsevier, 1967）, vol. 1, 45.

第三章

1. 贝克勒耳不情愿完全否定他的假设, 辩称射线里或许含有少量光线。

2. 埃尔斯特和盖特尔在不同压力和温度下进行了测试, 实验结果稍有改变, 然而在他们看来并不显著。

3. 深度是 852 米, 将近 3000 英尺。

4. Pierre and Marie Curie, "Les nouvelles substances radioactives et les rayons qu'elles émmittent," *Rapports présentes au congrès international de physique*, 3（Paris: Gauthier-Villars, 1900）, 79—114, on 114.

5. Sir William Crookes, "Radio-activity of Uranium," *Proceedings of the Royal Society of London A* 66（10 May 1900）: 409—422.

6. Muriel Howarth, *Pioneer Research on the Atom*（London: New World Publications, 1958）, 83—84.

7. 实际的衰变序列更加复杂。

8. Ernest Rutherford and Frederick Soddy, "The Radioactivity of Thorium Compounds. II," *Transactions of the Chemical Society of London* 81（15 May 1902）: 837—860, 见 *The Collected Papers of Lord Rutherford of Nelson*, vol. 1（London: George Allen and Unwin, 1962）, 435—456, on 455。

9. Frederick Soddy, "Alchemy and Chemistry," Soddy Papers, Bodleian Library, Oxford University, file 1; 索迪写给卢瑟福的信, 1903 年 8 月 7 日, Rutherford Papers, letter S99。承蒙剑桥大学图书馆理事会提供该信。

10. Ernest Rutherford and Frederick Soddy, "Note on the Condensation Points of the

Thorium and Radium Emanations," Proceedings of the Chemical Society of London (1902):219—220,见 The Collected Papers of Lord Rutherford of Nelson, vol. 1, 528。

11. 索迪写给卢瑟福的信,1902 年 7 月 12 日,Soddy Papers,Bodleian Library,Oxford University。

12. 吉塞尔写给居里夫妇的信,1900 年 1 月 12 日,Archives Institut du Radium—fonds Marie Curie,Musée Curie,Institut Curie;吉塞尔写给龙格的信,1899 年 11 月 25 日,Deutsches Museum Archiv HS 1948—1952,Munich。

13. 德比耶纳后来获得了物理学博士学位。

14. Pierre and Marie Curie,"Sur les corps radio-actifs," Comptes Rendus 134(13 January 1902):85—87.

15. Pierre Curie,"Sur la radioactivité induite et sur l'émanation du radium," Comptes Rendus 136 (26 January 1903):223—226,on 226; Pierre Curie,"Sur la constante de temps caractéristique de la disparition de la radioactivité induite par le radium dans une enceinte fermée," Comptes Rendus 135(17 November 1902):857—859, on 859.

16. Paul Langevin,"Pierre Curie," Revue du Mois 2 (July-December 1906):5—36,on 27.

17. Pierre Duhem, The Aim and Structure of Physical Theory, trans. Philip P. Wiener (New York:Atheneum,1962),70—71.

18. 莫塞莱写给卢瑟福的信,[1914 年]6 月 5 日;卢瑟福写给 W·H·布拉格的信,1911 年 12 月 20 日。转引自 Arthur S. Eve, Rutherford (New York:Macmillan,1939),237 and 208。

19. Pierre Curie,"Recherches récentes sur la radioactivité," Journal de chimie physique 1 (1903):409—449,on 446—447.

20. 他在巴黎大学授课时关于放射性的讲稿,1904—1905 及 1905—1906,Archives Pierre et Marie Curie,Bibliothèque Nationale de France。

21. 索迪写给卢瑟福的信,1903 年 2 月 19 日,Rutherford Papers,letter S93;Clemens Winkler,"Radio-activity and Matter," Chemical News 89 (17 June 1904):289—291,on 290;拉莫尔写给卢瑟福的信,1903 年 10 月 3 日,Rutherford Papers,let-

22. phantasmagoria 的意思是,如梦一般连续变换的复杂移动图像,或指能够产生这种效果的光学放映机。Marie Curie, "Les radio-éléments et leur classification," *Revue du Mois* 18 (10 July 1914), 5—41, 见 *Oeuvres de Marie Skłodowska Curie* (Warsaw: Polish Academy of Sciences, 1954), 472—493, on 472—473。

23. Arthur Smithells, Presidential Address to Section B, *Reports of the British Association for the Advancement of Science* 77 (August 1907): 469—479, on 477; Muriel Howarth, *Atomic Transmutation* (London: New World Publications, 1953), 86—87.

24. Willy Marckwald, "Die Radioaktivität," *Deutsche Chemische Gesellschaft: Berichte* 41:2 (1908): 1524—1561, on 1536.

25. Eve, *Rutherford*, 374.

26. Pierre Curie, "Radioactive Substances, Especially Radium," *Nobel Lectures. Physics, 1901—1921*, 73—78, on 78.

27. Frederick Soddy, *The Interpretation of Radium*, 1908, 转引自 Howarth, *Pioneer Research on the Atom*, 122。

28. George Jaffe, "Recollections of Three Great Laboratories," *Journal of Chemical Education* 29 (1952): 230—238, on 238.

29. *Nobel Lectures. Chemistry, 1901—1921* (Amsterdam: Elsevier, 1966), 197.

30. 这些实验发生在卢瑟福偏转 α 射线之前,在 1902 年。

31. Eve, *Rutherford*, 183; *Nobel Lectures. Chemistry*, 123.

第四章

1. 宇宙线由密立根(Robert A. Millikan)于 1925 年命名。见 Samuel Glasstone, *Sourcebook on Atomic Energy* (Princeton, NJ: D. Van Nostrand, 1950), 476。

第五章

1. Ernest Rutherford, *Radioactive Substances and Their Radiations* (Cambridge: Cambridge University Press, 1913), 622.

2. Frederick Soddy, "Multiple Atomic Disintegration. A Suggestion in Radioactive The-

ory," *Philosophical Magazine* 18 (November 1909):739—744,on 739.

3. Frederick Soddy,*Radio-activity* (New York:D. Van Nostrand,1904),179.

4. Marie Curie,"Sur la loi fondamentale des transformations radioactives,"见 *La structure de la matière*,Institut de Physique Solvay,1913 (Paris:Gauthier-Villars,1921), 66—71,on 70; André Debierne,"Considérations sur le méchanisme des transformations radioactives et la constitution des atomes," *Annales de physique* 4 (1916): 323—345,on 345。

5. M. Curie,"Sur la loi fondamentale," 71.

第六章

1. Arthur Smithells,Presidential Address to Section B,*Reports of the British Association for the Advancement of Science* 77 (August 1907):469—479,on 477.

2. Ernest Rutherford,"The Succession of Changes in Radioactive Bodies," *Philosophical Transactions of the Royal Society of London* 204A (1904):169—219,见 *Collected Papers of Lord Rutherford of Nelson* (London:George Allen and Unwin,1962),on 674。

3. Marie Curie,"Radium and New Concepts in Chemistry," *Nobel Lectures. Chemistry, 1901—1921*,1911 lecture (Amsterdam:Elsevier,1966),202—212,on 211.

4. Georg von Hevesy, "A Scientific Career," *Perspectives in Biology and Medicine* 1 (1958):345—365,on 349n.

5. 博尔特伍德写给卢瑟福的信,1905 年 9 月 22 日,转引自 Lawrence Badash,*Radioactivity in America* (Baltimore:Johns Hopkins University Press,1979),113。

6. Robert Dekosky, "Spectroscopy and the Elements in the Late Nineteenth Century: The Work of Sir William Crookes." *British Journal for the History of Science* 6 (1972—1973):400—423,on 422。索迪表格里的空缺最终被锗、镓、砹、钫等元素填补。

7. 许多放射性元素会通过失去一个 α 粒子或 β 粒子而衰变。尽管人们很早就怀疑放射性元素可以通过不止一种方式衰变(又叫横向蜕变或者分支化),这一事实直到 1909—1911 年才得到证实。在分支序列(以及其他一些非同寻常的情形)被证实以后,不同衰变系之间的类比才得以完善。

8. Willy Marckwald, "Zur Kenntnis des Mesothoriums," *Deutsche Chemische Gesell-schaft: Berichte* 43:3 (1910):3420—3422,on 3421.

9. Oswald Göring,转引自 Elizabeth Rona,*How It Came About* (Oak Ridge,TN:Oak Ridge Associated Universities,1978),7。

10. Frederick Soddy,*The Interpretation of Radium* (New York:G. P. Putnam's Sons, 1920),转引自 Mary E. Weeks,*Discovery of the Elements* (Easton,PA:Journal of Chemical Education,1968),800。

11. 海韦西写给伊夫的信,1937 年 10 月 28 日,Rutherford Papers;以及卢瑟福写给法扬斯的信,1913 年 4 月 2 日,Rutherford Papers,letter XF2。承蒙剑桥大学图书馆理事会提供该信。

12. 索迪写给斯特凡·迈尔的信,1914 年 7 月 11 日,Meyer Papers,Institut für Radioaktivität und Kernphysik,Vienna。

13. Robert Merton, "The Matthew Effect in Science," *Science* 159 (January 5,1968): 56—63。索迪饱受这一效应折磨。放射化学家帕内特评论说:"卢瑟福独享了声誉,这说明了一个对于科学史学者来说很熟悉的古老事实,声望卓著的人往往会掩盖不那么知名的人物的贡献。"引自 Muriel Howarth,*Pioneer Research on the Atom* (London,New World Publications,1953),277。帕内特也遇到了这一问题,他的光彩被海韦西所掩盖。

14. Bertram B. Boltwood, "The Origin of Radium," *Philosophical Magazine* 9 (April 1905):599—613,on 613.

第七章

1. David Wilson,*Rutherford. Simple Genius* (Cambridge,MA:MIT Press,1983),291.

2. 范登布鲁克用了德语单词 Ordnungszahl,意为"序数"。

3. William H. Bragg, "A Comparison of Some Forms of Electric Radiation," *Proceedings of the Royal Society of South Australia* 31 (7 May 1907):79—93.

4. W·H·布拉格写给卢瑟福的信,1913 年 1 月 18 日,Rutherford Papers,letter B394。承蒙剑桥大学图书馆理事会提供该信。

第八章

1. 卢瑟福写给斯特凡·迈尔的信,1920,转引自 Arthur S. Eve,*Rutherford* (New

York：Macmillan，1939），276。

2. 最初，由于卢瑟福的干涉，鲍姆巴赫没有被囚禁。但没过多久，他过激的爱国主义情绪爆发使得自己锒铛入狱。见 John B. Birks，ed.，*Rutherford at Manchester*（New York：W. A. Benjamin，1963），137。

3. 虽然常常被称为"撕裂原子"，严格地说，卢瑟福获得的是人工原子嬗变而非裂变。在氮的嬗变中，氮原子吸收一个 α 粒子，这使得原子核发生重组并释放一个氢离子（后来被称为质子）。在裂变中，原子核分裂成更小的碎片。汤姆孙早先曾尝试过用 X 射线使元素嬗变。

4. 许多科学家一度怀疑所有元素都是由氢这种最轻的元素组成的。

第九章

1. 皮埃尔·居里在英国皇家研究院的讲义摘要，"Radium，" *The Electrician* 51（1903）：403—404，on 404。

2. 这种闪烁由摩擦发光产生，摩擦发光是晶体受到机械作用后出现的一种发光现象。

3. Stefan Meyer，"Das Spinthariskop und Ernst Mach，" *Zeitschrift für Naturforschung* 5a（July 1950）：407—408.

4. Arthur S. Eve，*Rutherford*（New York：Macmillan，1939），328.

5. Elizabeth Rona，*How It Came About*（Oak Ridge，TN：Oak Ridge Associated Universities，1978），38；David Wilson，*Rutherford. Simple Genius*（Cambridge，MA：MIT Press，1983），573，据考尔德（Lord Ritchie Calder）报道。

第十章

1. 吉塞尔写给龙格的信，1902 年 11 月 20 日，Deutsches Museum Archiv HS 1948—1952，Munich。瓦尔科夫因他在辐射对活体组织的效应上的研究而著名。

2. Marie Curie，*Pierre Curie*，trans. Charlotte and Vernon Kellog（New York：Dover，1963），56.

3. O. Peter Snyder and D. M. Poland，"Food Irradiation Today，" 1995，http：//www. hi-tm. com/Documents/Irradiation. html.

4. Marjorie Malley，"Bygone Spas：The Rise and Decay of Oklahoma's Radium Wa-

ter," *The Chronicles of Oklahoma* 70,no. 4 (Winter 2002—2003),446—467.

5. 莱斯利写给史密斯尔斯(Arthur Smithells)的信,Papers of Professor Arthur S. Smithells,1909 年 11 月 30 日,Leeds University Library。

6. 除了放射性辐射以外,玛丽·居里和伊雷娜·居里在第一次世界大战中操作移动 X 光机时,也受到了相当大剂量的辐射。

7. Otto Hahn,*My Life*,trans. Ernst Kaiser and Eithne Wilkins (London:MacDonald, 1970),110.

第十一章

1. 索迪写给卢瑟福的信,1903 年 12 月 4 日,Rutherford Papers,S116。承蒙剑桥大学图书馆理事会提供该信。关于圣约阿希姆斯塔尔矿井的更多信息,参见 Z. Zeman and P. Beneš, "St. Joachimsthal Mines and Their Importance in the Early History of Radioactivity," *Radiochimica Acta* 70/71 (1995):23—29。

2. Soraya Boudia,*Marie Curie et son laboratoire* (Paris:Éditions des archives contemporaines,2001),116.

3. Ferdinand Heinrich,*Chemie und chemische Technologie radioaktiver Stoffe* (Berlin: Julius Springer,1918),288; United States Bureau of Mines,1912,引自 Edward R. Landa,*Buried Treasure to Buried Waste:The Rise and Fall of the Radium Industry* (Golden:Colorado School of Mines,1987),54.

4. 1908 年 8 月 2 日,库佩尔韦塞尔在写给维也纳科学院院长的信中说:"我希望,在我的能力范围以内防止我的祖国因为允许将上天恩赐的财富被他国瓜分而蒙受羞辱……"Stefan Meyer, "Das erste Jahrzehnt des Wiener Instituts für Radiumforschung," *Jahrbuch der Radioaktivität und Elektronik* 17 (1920):1—29,on 2。由作者翻译。

第十二章

1. Robert Reid,*Marie Curie* (New York:New American Library,1974),99.

2. Elizabeth Rona,*How It Came About* (Oak Ridge,TN:Oak Ridge Associated Universities,1978),15.

3. Stefan Meyer and Egon von Schweidler,*Radioaktivität* (Leipzig:B. G. Teubner,

1927), 497.

4. Otto Hahn, "Stefan Meyer," *Zeitschrift für Naturforschung* 5a (July 1950): 407—408.

5. 威妮弗雷德·比尔比·索迪活跃于妇女参政运动。索迪的学生中，皮雷特（Ruth Pirret）和希钦斯（Ada Hitchens）两位女生在 1922 年成为他的研究助手。

6. Robert W. Lawson, "The Part Played by Different Countries in the Development of the Science of Radioactivity," *Scientia* 30 (1921): 257—270.

7. 斯特凡·迈尔写给卢瑟福的信, 1920 年 1 月 22 日, 转引自 Arthur S. Eve, *Rutherford* (New York: Macmillan, 1939), 278。

8. Stefan Meyer, "Lord Rutherford of Nelson," *Akademie der Wissenschaften zu Wien, Almanach* 88 (1938): 251—262, on 256—257; Arthur S. Eve, *Rutherford*, 243. 劳森在 1915—1918 年间在 *Akademie der Wissenschaften zu Wien, Sitzungsberichte* 上发表了很多论文。

9. 查德威克写给卢瑟福的信, 1918 年 5 月 24 日, Rutherford Papers, C24。承蒙剑桥大学图书馆理事会提供该信。另见 Chadwick's letters of 14 September 1915 (C22) and 31 March 1917 (C23)。

10. 斯特凡·迈尔写给卢瑟福的信, 1920 年 1 月 22 日, 转引自 Eve, *Rutherford*, 277; Rona, *How It Came About*, 26。

11. Ruth Lewin Sime, *Lise Meitner. A Life in Science* (Berkeley: University of California Press, 1996), 99; George von Hevesy, "A Scientific Career," *Perspectives in Biology and Medicine* 1 (Summer 1958): 345—365, on 353.

12. Otto Hahn, *My life*, trans. Ernst Kaiser and Eithne Wilkins (London: MacDonald, 1970), 136.

第十三章

1. Marjorie Malley, "Thermodynamics and Cold Light," *Annals of Science* 51 (1994): 203—224.

2. Frederick Soddy, "Radioactivity," *Annual Reports of the Chemical Society of London* 1 (1904): 244—280, on 279.

3. Albert Einstein, "Le principe de relativité et ses conséquences dans la physique mod-

erne," *Archives des sciences physiques et naturelles* 29 (1910),5—28,125—144,on

144. 直到 20 世纪 30 年代,关于原子组分的更多信息被掌握以后,爱因斯坦的质能等价理论才得到证实。

第十四章

1. "浪漫"的定义引自 *Webster' s Third New International Dictionary*,unabridged。
2. Marie Curie,*Pierre Curie*,trans. Charlotte and Vernon Kellog(New York:Dover, 1963),92; Eve Curie,*Marie Curie*,trans. Vincent Sheean(Garden City,NY:Doubleday,1935),341.
3. Marjorie Malley,"Bygone Spas:The Rise and Decay of Oklahoma's Radium Water," *Chronicles of Oklahoma* 80 (2002—2003),446—467,on 461.
4. *Bhagavad-Gita*,Chapter 11:32. 见 Richard Rhodes,*The Making of the Atomic Bomb* (New York:Simon and Schuster,1986),676。

引语来源

第一部分　Shakespeare,*Hamlet* Act i,Scene 5.

第二部分　Eve Curie,*Marie Curie*,trans. Vincent Sheean(Garden City,NY: Doubleday,Doran & Company,1937),190.

第三部分　"Vision of God's Creation,"*Time*,November 3,1975.

第一章　W. Robert Nitske,*The Life of Wilhelm Conrad Röntgen Discoverer of the X Ray* (Tuscon:University of Arizona Press,1971),124.

第二章　Eve Curie,*Madame Curie*,trans. Vincent Sheean(Garden City,NY:Doubleday,Doran & Company,1937),133; ibid,191.

第三章　Muriel Howarth, *Atomic Transmutation. The Greatest Discovery ever Made* (London: New World Publications,1953),56; ibid,123; John B. Birks, *Rutherford at Manchester* (New York:W. A. Benjamin,1963),363.

第四章　Arthur S. Eve,*Rutherford* (New York and Cambridge:Macmillan and Cambridge University Press,1939),107; Victor F. Hess, "Über Beobachtungen der durchdringenden Strahlung bei sieben Freiballonfahrten," *Physikalische*

Zeitschrift 13 (1912),1084—1091,on 1090.

第五章　Ernest Rutherford,*Radioactive Substances and their Radiations* (Cambridge: Cambridge University Press,1913),420; Muriel Howarth,*Atomic Transmutation. The Greatest Discovery Ever Made* (London: New World Publications, 1953),64.

第六章　Frederick Soddy,"The Chemistry of Mesothorium," *Journal of the Chemical Society of London* 99 (1911).

第七章　Henri Poincaré,*Dernières Pensées*,ed. Ernest Flammarion (Paris:Ernest Flammarion,1919,originally pub. 1913),204; Henry G. J. Moseley,"The High-Frequency Spectra of the Elements," *Philosophical Magazine* 26 (1913), 1024—1034,on 1031.

第八章　Arthur S. Eve,*Rutherford* (New York and Cambridge:Macmillan and Cambridge University Press,1939),224.

第九章　Horace,*Satires*,Book I - 1,line 106.

第十章　Otto Hahn,*My Life*,trans. Ernst Kaiser and Eithne Wilkins (London:MacDonald,1970),110.

第十一章　Horace,*Odes*,Book II:xvi,line 27.

第十二章　*McClure's Magazine*,April 1896,cited in W. Robert Nitske,*The Life of Wilhelm Conrad Röntgen Discoverer of the X Ray* (Tuscon:University of Arizona Press,1971),130; Marie Curie,*Pierre Curie*,trans. by Charlotte and Vernon Kellog (New York:Dover,1963,originally published 1923),70.

第十三章　*Ecclesiastes* 1,9.

第十四章　Albert Einstein,*Living Philosophies* (New York:Simon & Schuster,1931),6.

本书参考文献可至上海科技教育出版社网站查阅,网址如下:

http://www.sste.com

责任编辑　赵　地　殷晓岚
装帧设计　汤世梁

哲人石丛书

放射性秘史——从新发现到新科学

玛乔丽·C·马利　著

乔从丰　汤亮　陈曰德　郭璐　梁翼　译

乔从丰　蒋军　审校

上海世纪出版股份有限公司
出版
上海科技教育出版社

（上海冠生园路393号　邮政编码200235）

上海世纪出版股份有限公司发行中心发行

网址：www.ewen.co　www.sste.com

各地新华书店经销　上海商务联西印刷有限公司印刷

ISBN 978-7-5428-6530-4/N·996

图字09-2014-169号

开本635×965　1/16　印张14.25　插页4　字数191 000

2016年12月第1版　2016年12月第1次印刷

定价：37.00元

哲人石丛书

当代科普名著系列　当代科技名家传记系列
当代科学思潮系列　科学史与科学文化系列

第一辑

第三辑

第四辑